U0229221

普通高等教育"十二五"规划教材

工程制图训练与解答

（下　册）

主　编　王　农

副主编　梁会珍　戚　美

参　编　袁义坤　陈　波　王维硒　魏中衡

主　审　顾东明

机　械　工　业　出　版　社

本书是根据教育部高等学校工程图学教学指导委员会最新制定的"高等学校工程图学课程教学基本要求",总结多年教学经验编写而成的。本书按照课程知识点分为 5 部分,内容包括:标准件和常用件、零件图技术要求、读绘零件图、读装配图和绘制装配图。书后还附有部分章节的三维实体图和两套自测试题。

本书适用于高等学校工科类各专业,也可供高等职业技术学院、成人教育学院、高等教育自学考试及工程技术人员使用和参考。

图书在版编目(CIP)数据

工程制图训练与解答.下册 / 王农主编.—北京:机械工业出版社,2013.5(2018.4 重印)

普通高等教育"十二五"规划教材

ISBN 978-7-111-42372-0

Ⅰ.①工⋯ Ⅱ.①王⋯ Ⅲ.①工程制图 – 高等学校 – 教学参考资料 Ⅳ.① TB23

中国版本图书馆 CIP 数据核字(2013)第 092383 号

机械工业出版社(北京市百万庄大街 22 号 邮政编码 100037)

策划编辑:舒 恬 责任编辑:舒 恬 章承林
版式设计:霍永明 责任校对:张晓蓉
封面设计:张 静 责任印制:常天培

涿州市京南印刷厂印刷

2018 年 4 月第 1 版·第 3 次印刷

370mm × 260mm · 16 印张·384 千字

标准书号:ISBN 978-7-111-42372-0

定价:32.00 元

凡购本书,如有缺页、倒页、脱页,由本社发行部调换

电话服务　　　　　　　　　网络服务

社 服 务 中 心:(010)88361066　教 材 网:http://www.cmpedu.com

销 售 一 部:(010)68326294　机工官网:http://www.cmpbook.com

销 售 二 部:(010)88379649　机工官博:http://weibo.com/cmp1952

读者购书热线:(010)88379203　**封面无防伪标均为盗版**

前　　言

本书是根据教育部高等学校工程图学教学指导委员会最新制定的"高等学校工程图学课程教学基本要求",总结多年来编者及国内外工程制图教学改革的实践经验编写而成的。本书除供高等学校工科类各专业使用外,也可供高等职业技术学院、成人教育学院、高等教育自学考试及工程技术人员使用和参考。

本书以培养学生创新能力和综合素质为出发点,选题新颖,内容丰富全面。其主要特点如下:

1)贯彻最新《机械制图》、《技术制图》国家标准。

2)在体系上按照知识点编撰,习题的编排由易到难、循序渐进,以适应不同专业和不同层次的教学需要。

3)题目数量大,举一反三,灵活多变。带"*"题具有一定的深度和广度,拓宽了学生的知识面。

4)本书配有习题解答,部分零件和装配体还配有三维实体图,图形精美,编排新颖。三维实体模型真实形象,有助于培养学生的空间想象能力和创造性思维,提高画图、看图能力;对学生自主学习有很好的指导作用。

5)题目与生产实际紧密结合,有较强的针对性、实用性。

本书由山东科技大学王农主编、梁会珍、戚美副主编,顾东明主审,参加编写的有袁义坤、陈波、王维硒和魏中衡。

限于编者水平有限,书中难免存在错误和疏漏之处,恳请广大读者批评指正。

编　者

目　　录

1. 找出内螺纹和螺纹联接画法的错误，在指定位置画出正确的图形。

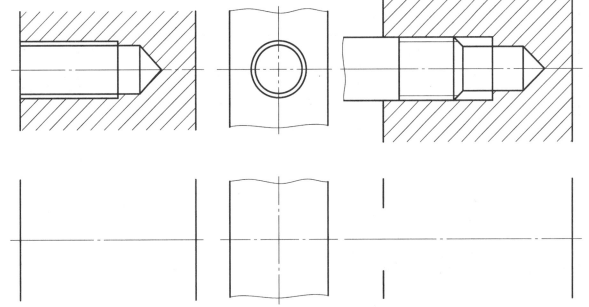

2. 找出内、外螺纹画法的错误，在下方画出正确的图形。

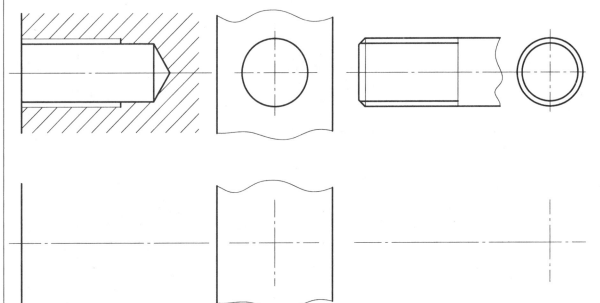

3. 在下列图中标注出螺纹的规定标记。

（1）粗牙普通螺纹，公称直径20mm，螺距2.5mm，右旋，中径、顶径公差带分别为5g、6g，旋合长度为中等。

（2）细牙普通螺纹，公称直径20mm，螺距1mm，右旋，中径、顶径公差带为6H，旋合长度为中等。

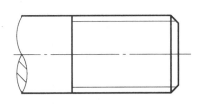

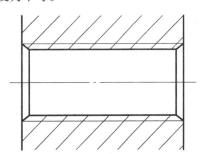

（3）梯形螺纹，公称直径20mm，导程14mm，螺距7mm，双线，左旋，中径公差带为8e，长旋合长度。

（4）55° 非密封管螺纹尺寸代号为1/2，精度A级，左旋。

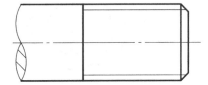

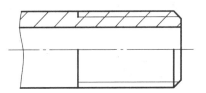

4. 找出螺栓联接画法的错误，在右方画出正确的图形。

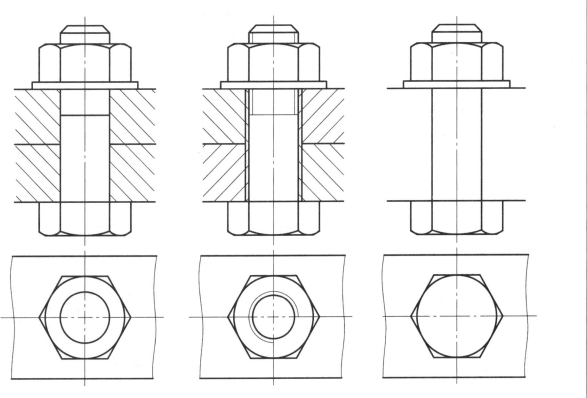

1. 找出内螺纹和螺纹联接画法的错误，在指定位置画出正确的图形。

2. 找出内、外螺纹画法的错误，在下方画出正确的图形。

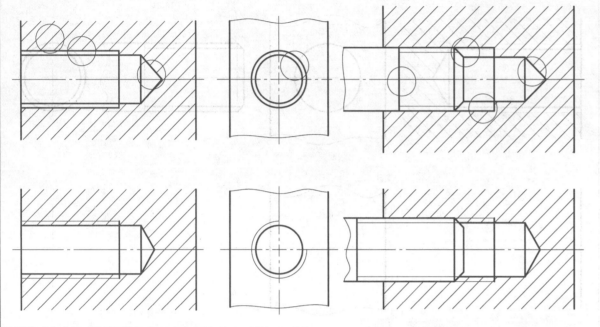

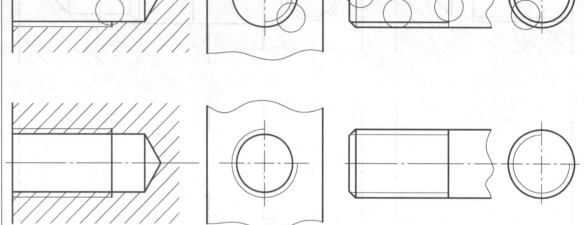

3. 在下列图中标注出螺纹的规定标记。

（1）粗牙普通螺纹，公称直径20mm，螺距2.5mm，右旋，中径、顶径公差带分别为5g、6g，旋合长度为短。

（2）细牙普通螺纹，公称直径20mm，螺距1mm，右旋，中径、顶径公差带为6H，旋合长度为中等。

4. 找出螺栓联接画法的错误，在右方画出正确的图形。

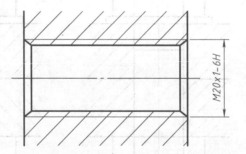

M20-5g6g-S

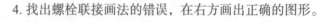

M20x1-6H

（3）梯形螺纹，公称直径20mm，导程14mm，螺距7mm，双线，左旋，中径公差带为8e，长旋合长度。

（4）55° 非密封管螺纹尺寸代号为1/2，精度A级，左旋。

Tr20x14(P7)LH-8e-L

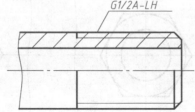

G1/2A-LH

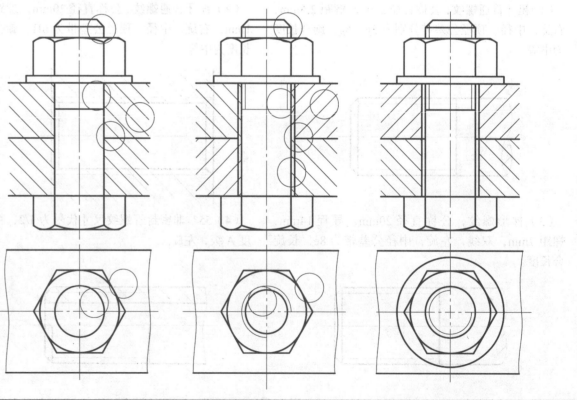

1. 找出螺柱联接画法的错误，并在右侧画出正确的图形。

2. 找出螺钉联接画法的错误，并在右侧画出正确的图形。

3. 已知键、轴和孔上键槽的有关尺寸，完成键的联接图。

4. 图 a 为轴、齿轮和销的视图，完成用销（GB/T 119.1 5 m6×35）联接轴和齿轮的装配图（图 b）。

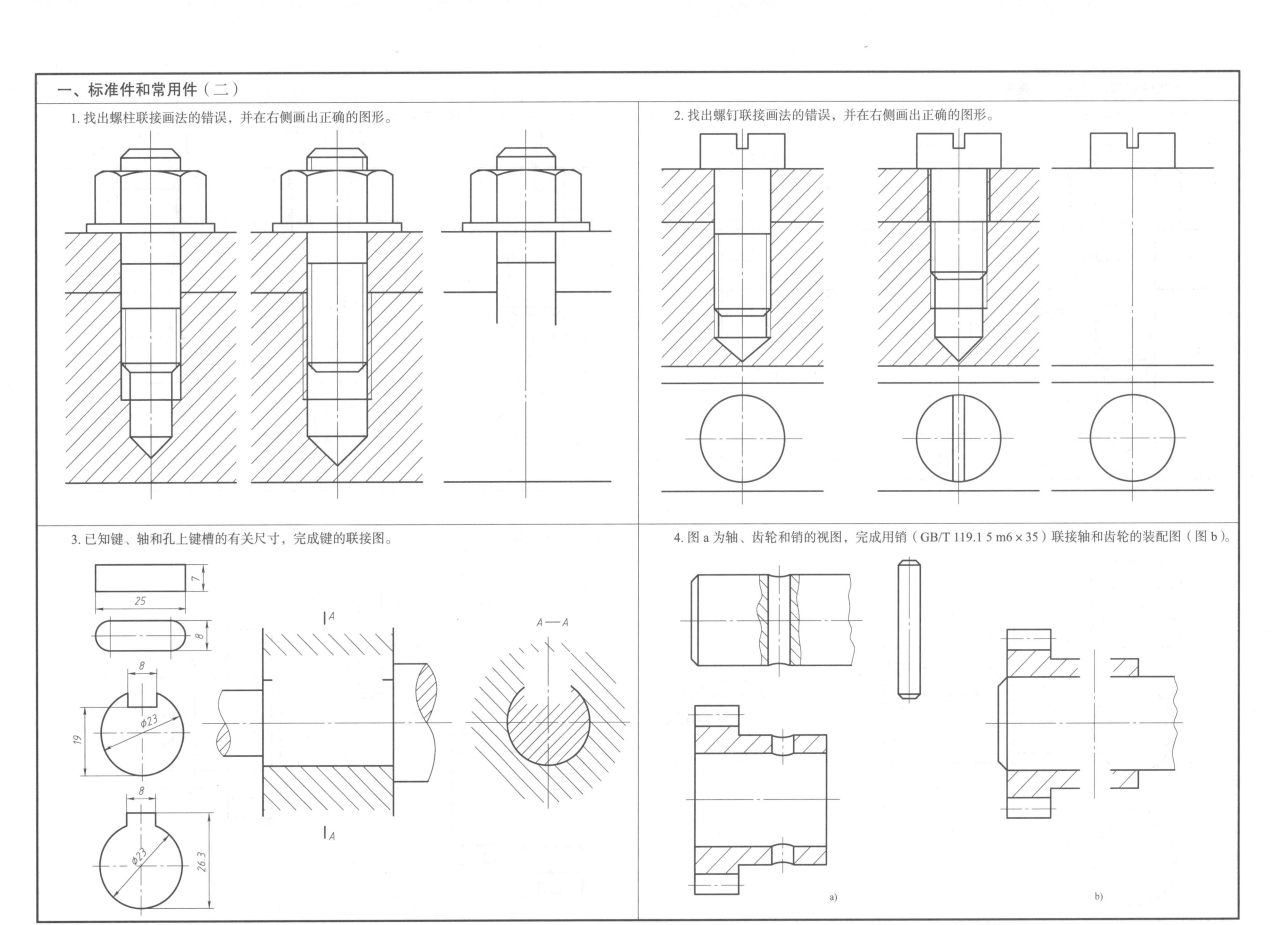

a)

b)

1. 找出螺柱联接画法的错误，并在右侧画出正确的图形。

2. 找出螺钉联接画法的错误，并在右侧画出正确的图形。

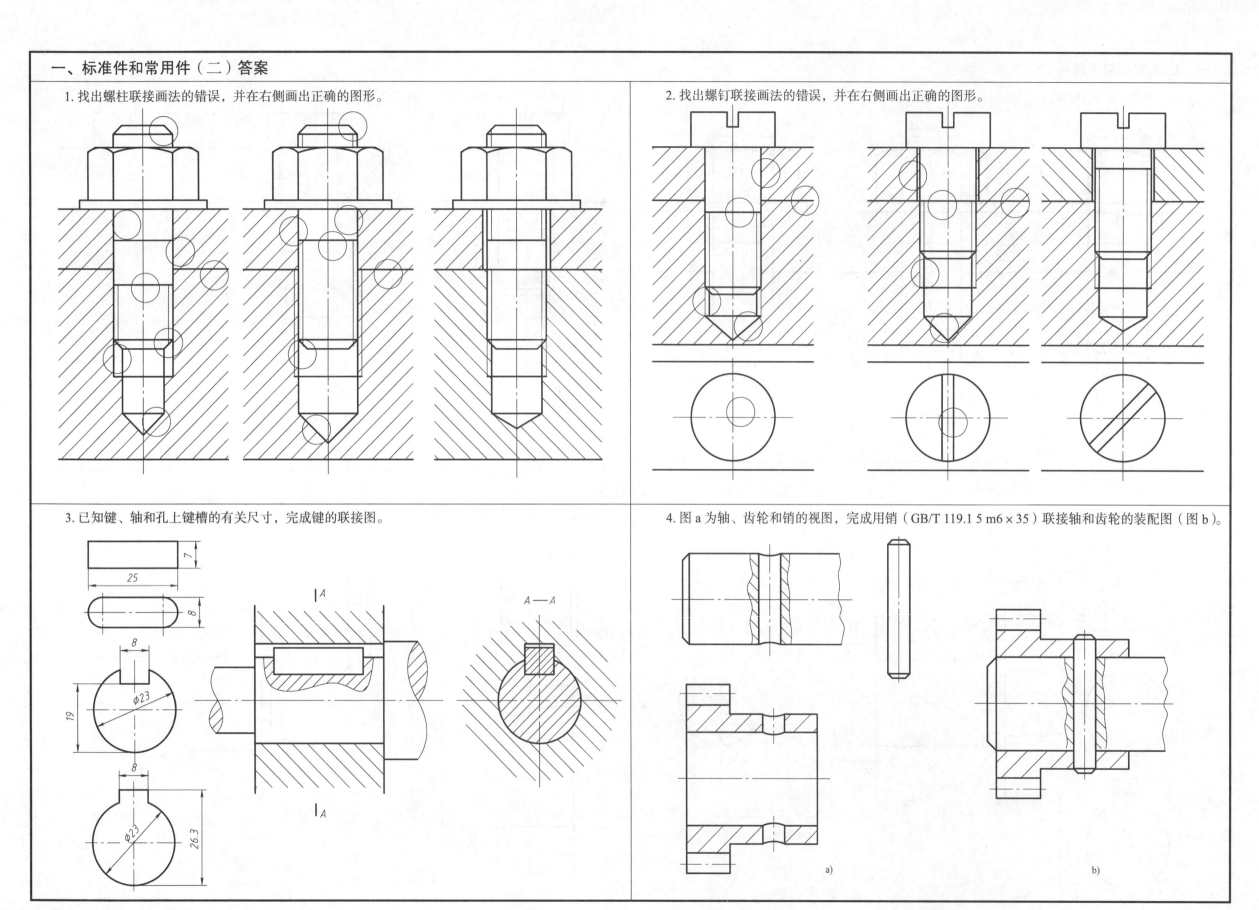

3. 已知键、轴和孔上键槽的有关尺寸，完成键的联接图。

4. 图 a 为轴、齿轮和销的视图，完成用销（GB/T 119.1 5 m6×35）联接轴和齿轮的装配图（图 b）。

a)

b)

1. 已知齿轮孔径 D=23mm，e=20mm，厚度 =20mm，齿数 z=19，试计算齿轮的分度圆直径 d、齿顶圆直径 d_a 及齿根圆直径 d_f，并完成齿轮的两视图。

分度圆直径 d=　　　　　齿顶圆直径 d_a=
齿根圆直径 d_f=

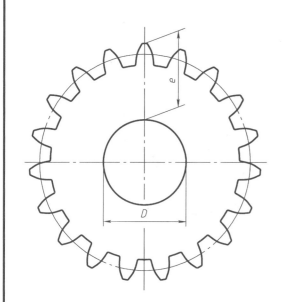

2. 已知直齿圆柱齿轮模数为 3mm，齿数为 23，请画出其两面视图，并标注全部尺寸（从图上直接量取并取整）。

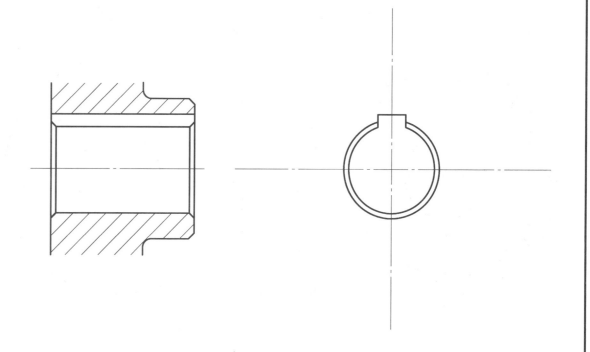

3. 已知齿轮模数 m=2mm，z_1=17，中心距 a=43mm，试计算下列参数，并完成齿轮啮合图。

齿顶圆直径 d_{a1}=
　　　　　d_{a2}=

分度圆直径 d_1=
　　　　　d_2=

齿根圆直径 d_{f1}=
　　　　　d_{f2}=

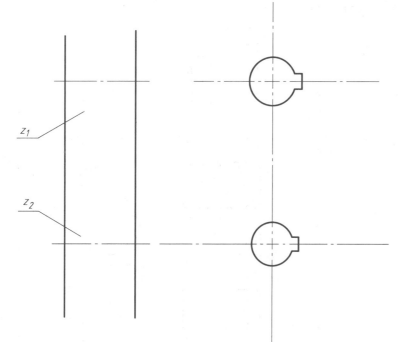
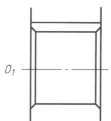

4. 已知齿轮副中 z_1=18、z_2=22、中心距 a=40mm，试计算以下参数并画出两齿轮啮合的主、左视图（主视图采用全剖视）。

模数 m=

分度圆直径 d_1=
　　　　　d_2=

齿顶圆直径 d_{a1}=
　　　　　d_{a2}=

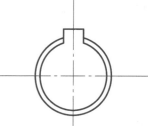
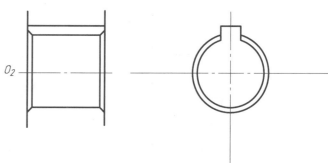

一、标准件和常用件（三）答案

1. 已知齿轮孔径 D=23mm，e=20mm，厚度 =20mm，齿数 z=19，试计算齿轮的分度圆直径 d、齿顶圆直径 d_a 及齿根圆直径 d_f，并完成齿轮的两视图。

分度圆直径 d=57mm　　　　　齿顶圆直径 d_a=63mm
齿根圆直径 d_f=49.5mm

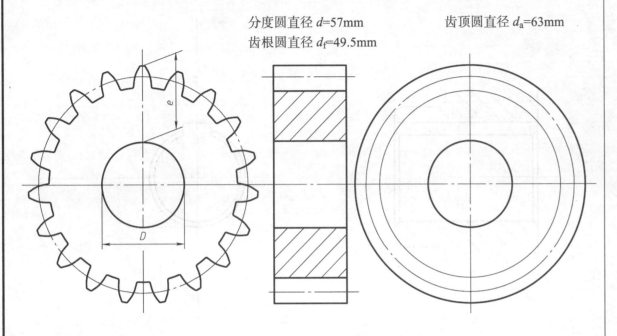

2. 已知直齿圆柱齿轮模数为 3mm，齿数为 23，请画出其两面视图，并标注全部尺寸（从图上直接量取并取整）。

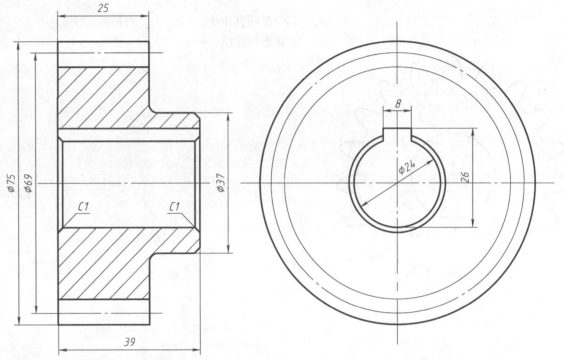

3. 已知齿轮模数 m=2mm，z_1=17，中心距 a=43mm，试计算下列参数，并完成齿轮啮合图。

齿顶圆直径 d_{a1}=38mm
　　　　　d_{a2}=56mm

分度圆直径 d_1=34mm
　　　　　d_2=52mm

齿根圆直径 d_{f1}=29mm
　　　　　d_{f2}=47mm

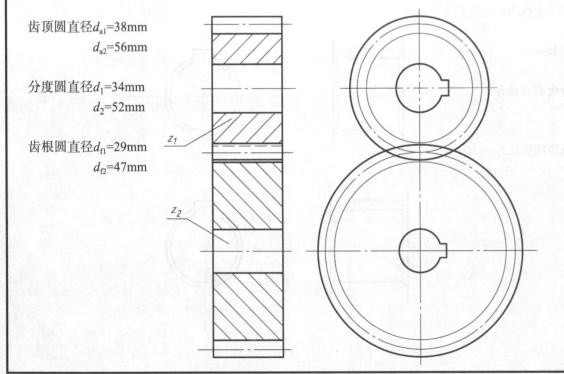

4. 已知齿轮副中 z_1=18、z_2=22、中心距 a=40mm，试计算以下参数并画出两齿轮啮合的主、左视图（主视图采用全剖视）。

模数 m=2mm

分度圆直径 d_1=36mm
　　　　　d_2=44mm

齿顶圆直径 d_{a1}=40mm
　　　　　d_{a2}=48mm

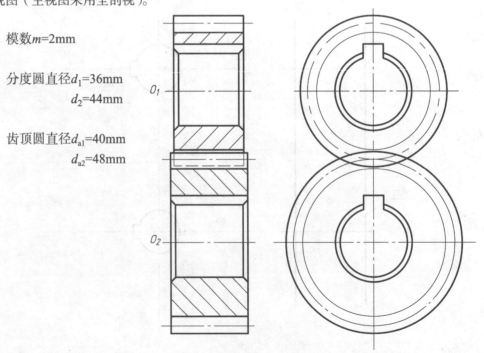

1. 已知一直齿锥齿轮模数 m=3mm，z=23，分度圆锥角 δ=45°。按规定画法画全齿轮的两个视图，其中倒角均为 C1。

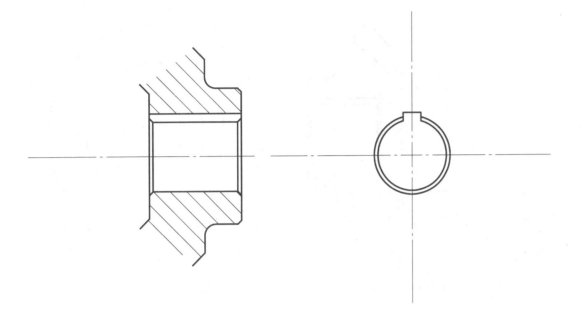

2. 已知一对直齿锥齿轮啮合，$z_1=z_2$=18，模数 m=3mm，两轴夹角为 90°，试按规定画法画全两齿轮啮合的两个视图。

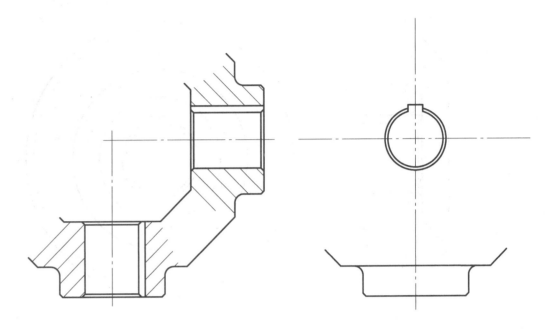

3. 一圆柱螺旋压缩弹簧，外径为 42mm，有效圈数为 7，支承圈数为 2.5，节距为 12mm，材料直径为 6 mm，右旋。试用 1：1 的比例画出弹簧的剖视图。

4. 已知阶梯轴两端支承轴肩处的直径分别为 25mm 和 15mm,用 1：1 的比例画出支承处的滚动轴承 (规定画法)。

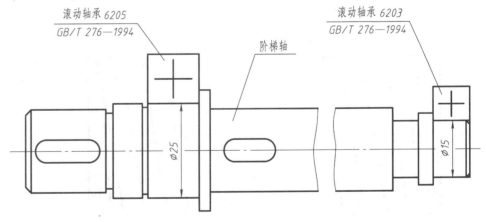

滚动轴承 6205
GB/T 276—1994

阶梯轴

滚动轴承 6203
GB/T 276—1994

$\phi 25$

$\phi 15$

一、标准件和常用件（四）答案

1. 已知一直齿锥齿轮模数 $m=3mm$，$z=23$，分度圆锥角 $\delta=45°$。按规定画法画全齿轮的两个视图，其中倒角均为 $C1$。

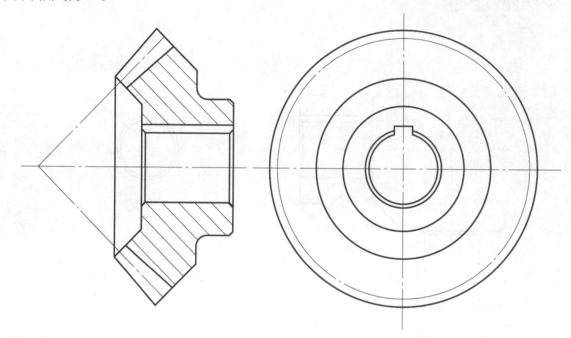

2. 已知一对直齿锥齿轮啮合，$z_1=z_2=18$，模数 $m=3mm$，两轴夹角为 $90°$，试按规定画法画全两齿轮啮合的两个视图。

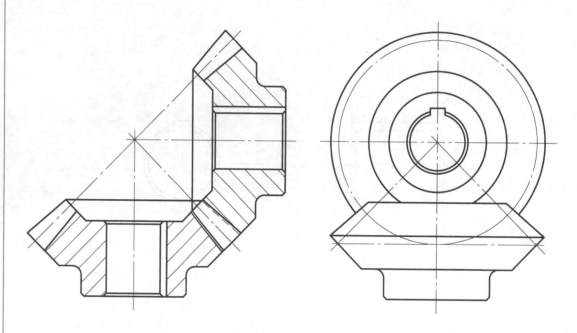

3. 一圆柱螺旋压缩弹簧，外径为 42mm，有效圈数为 7，支承圈数为 2.5，节距为 12mm，材料直径为 6mm，右旋。试用 $1:1$ 的比例画出弹簧的剖视图。

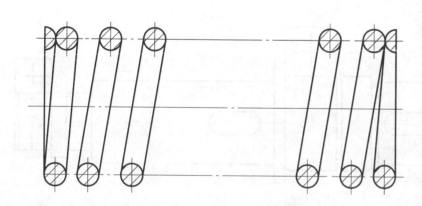

4. 已知阶梯轴两端支承轴肩处的直径分别为 25mm 和 15mm，用 $1:1$ 的比例画出支承处的滚动轴承（规定画法）。

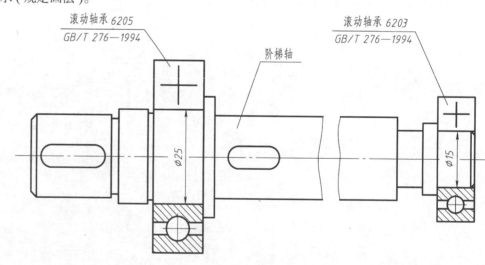

滚动轴承 6205
GB/T 276—1994

阶梯轴

滚动轴承 6203
GB/T 276—1994

$\phi 25$

$\phi 15$

二、零件图技术要求（一）

1. 对零件表面进行表面结构要求标注（表面均是加工面）。

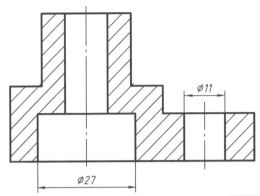

表面	Ra/μm
顶面	25
φ11	3.2
底面	1.6
φ27	3.2
其余	50

2. 对零件表面进行表面结构要求标注。

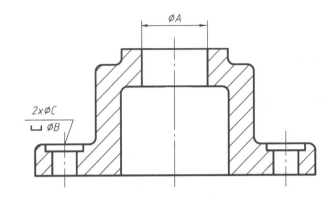

表面	Ra/μm
上表面	6.3
底表面	6.3
φA 表面	1.6
安装孔表面	12.5
其余表面	不加工

3. 对零件表面进行表面结构要求标注（表面均是加工面）。

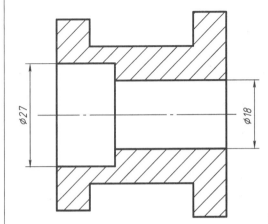

表面	Ra/μm
左端面	25
φ27	3.2
右端面	1.6
φ18	3.2
其余	50

4. 分析图中表面结构要求标注的错误，并重新标注。

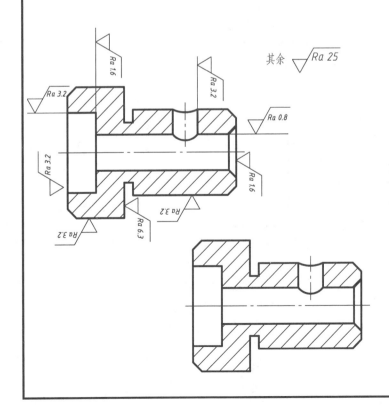

5. 将下面表面结构要求用代号标注在图上。

（1）φ10 和 φ37 圆柱表面 Ra 为 0.8μm。

（2）φ15 和 φ32 圆柱表面 Ra 为 3.2μm。

（3）A 和 B 面 Ra 为 1.6μm。

（4）C 面 Ra 为 12.5μm。

（5）其余表面均为加工面 Ra 为 25μm。

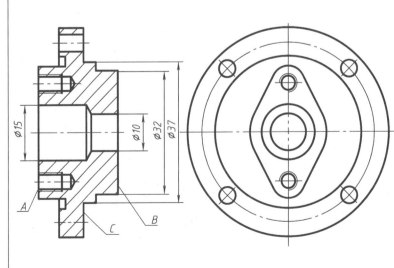

6. 将下面表面结构要求用代号标注在图上。

（1）φ19 两圆柱表面 Ra 为 3.2μm。

（2）圆柱表面 I 和轴肩右端面 II 的 Ra 为 6.3μm。

（3）键槽两侧面的 Ra 为 6.3μm。

（4）其余各加工表面的 Ra 为 12.5μm。

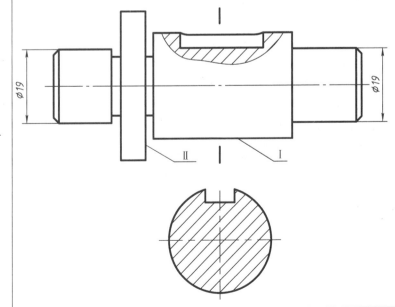

二、零件图技术要求（一）答案

1. 对零件表面进行表面结构要求标注（表面均是加工面）。

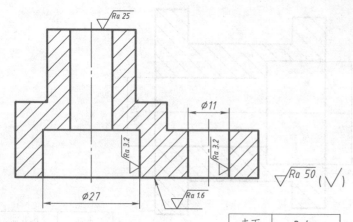

表面	Ra/μm
顶面	25
φ11	3.2
底面	1.6
φ27	3.2
其余	50

2. 对零件表面进行表面结构要求标注。

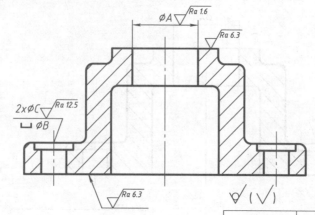

表面	Ra/μm
上表面	6.3
底表面	6.3
φA表面	1.6
安装孔表面	12.5
其余表面	不加工

3. 对零件表面进行表面结构要求标注（表面均是加工面）。

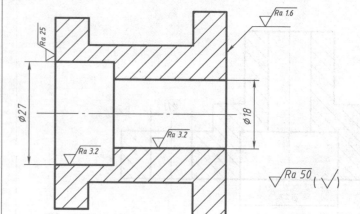

表面	Ra/μm
左端面	25
φ27	3.2
右端面	1.6
φ18	3.2
其余	50

4. 分析图中表面结构要求标注的错误，并重新标注。

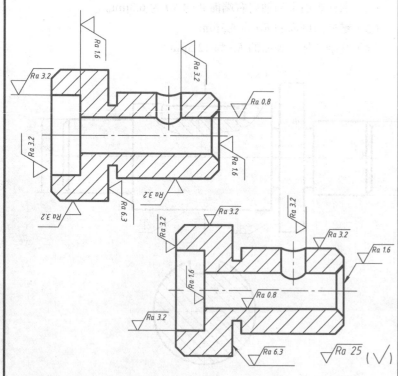

5. 将下面表面结构要求用代号标注在图上。

（1）φ10 和 φ37 圆柱表面 Ra 为 0.8μm。
（2）φ15 和 φ32 圆柱表面 Ra 为 3.2μm。
（3）A 和 B 面 Ra 为 1.6μm。
（4）C 面 Ra 为 12.5μm。
（5）其余表面均为加工面 Ra 为 25μm。

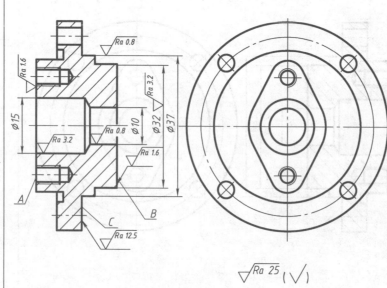

6. 将下面表面结构要求用代号标注在图上。

（1）φ19 两圆柱表面 Ra 为 3.2μm。
（2）圆柱表面Ⅰ和轴肩右端面Ⅱ的 Ra 为 6.3μm。
（3）键槽两侧面的 Ra 为 6.3μm。
（4）其余各加工表面的 Ra 为 12.5μm。

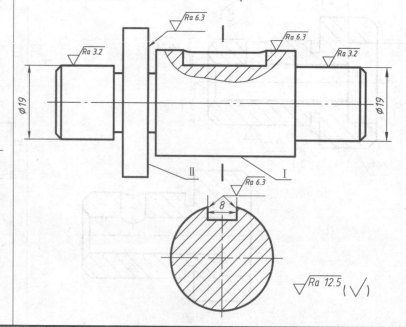

二、零件图技术要求（二）

1. 由公差带图完成下列问题。

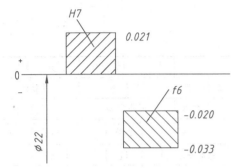

（1）该配合是 _____ 制 _____ 配合，
该配合的最大间隙是 _____ 。
（2）$\phi22f6$的上极限偏差是 _____ ，下极限偏差是 _____ ，
基本偏差代号是 _____ ，标准公差等级是 _____ ，
上极限尺寸是 _____ ，下极限尺寸是 _____ 。

（3）在下列图中分别将配合尺寸及轴、孔的尺寸与公差注出。

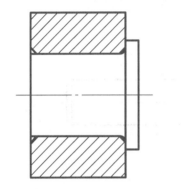 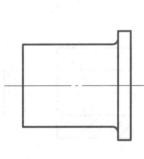 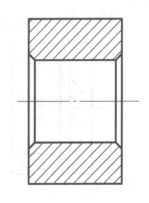

2. 根据装配图中的尺寸填表，并分别在零件图中注出零件的公称尺寸和公差带代号。

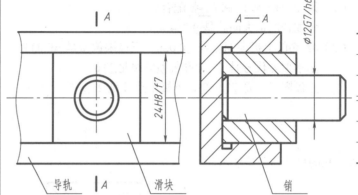

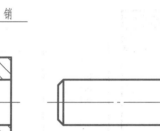

	导轨、滑块配合		滑块、销配合	
配合制度				
配合种类				
	导轨	滑块	滑块	销
基本偏差代号				
公差等级				

3. 根据图（1）给出的配合尺寸，在图（2）、（3）、（4）中注出公称尺寸和公差带代号，并回答下列问题。

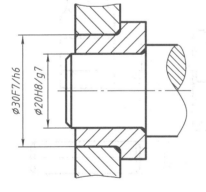 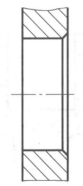 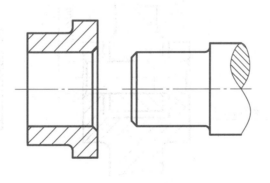

（1）　　　　　（2）　　　　　（3）　　　　　（4）

$\phi30F7/h6$ 表示 _____ 制 _____ 配合，孔的基本偏差代号为 _____ ，公差等级为 _____ ；

$\phi20H8/g7$ 表示 _____ 制 _____ 配合，孔的基本偏差代号为 _____ ，公差等级为 _____ 。

4. 根据图（1）给出的配合尺寸，在图（2）、（3）、（4）中注出公称尺寸和公差带代号，并回答下列问题。

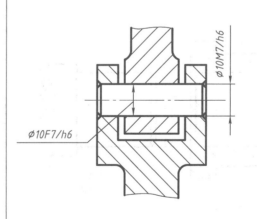 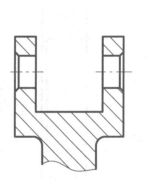 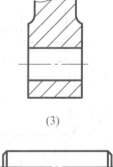

（1）　　　　　（2）　　　　　（3）

$\phi10F7/h6$ 表示 _____ 制 _____ 配合，孔的基本偏差代号为 _____ ，公差等级为 _____ ；
轴的基本偏差代号为 _____ ，公差等级为 _____ 。

二、零件图技术要求（二）答案

1. 由公差带图完成下列问题。

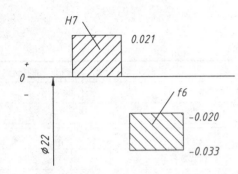

（1）该配合是 基孔 制 间隙 配合，
该配合的最大间隙是 0.054 。

（2）φ22f6的上极限偏差是 -0.020，下极限偏差是 -0.033，
基本偏差代号是 f，标准公差等级是 IT6，
上极限尺寸是 21.980 ，下极限尺寸是 21.967 。

（3）在下列图中分别将配合尺寸及轴、孔的尺寸与公差注出。

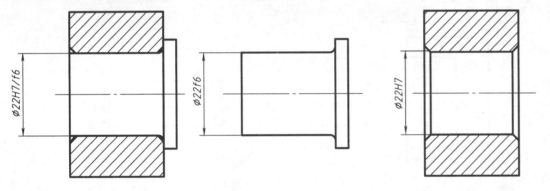

2. 根据装配图中的尺寸填表，并分别在零件图中注出零件的公称尺寸和公差带代号。

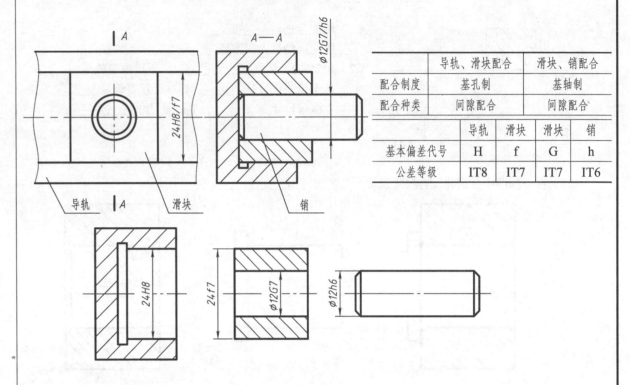

	导轨、滑块配合		滑块、销配合	
配合制度	基孔制		基轴制	
配合种类	间隙配合		间隙配合	
	导轨	滑块	滑块	销
基本偏差代号	H	f	G	h
公差等级	IT8	IT7	IT7	IT6

3. 根据图（1）给出的配合尺寸，在图（2）、（3）、（4）中注出公称尺寸和公差带代号，并回答下列问题。

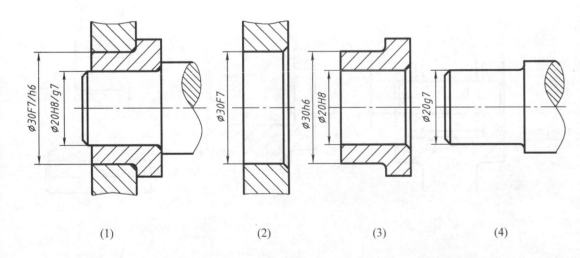

(1)　　　　(2)　　　　(3)　　　　(4)

φ30F7/h6 表示 基轴 制 间隙 配合，孔的基本偏差代号为 F ，公差等级为 IT7 ；

φ20H8/g7 表示 基孔 制 间隙 配合，孔的基本偏差代号为 H ，公差等级为 IT8 。

4. 根据图（1）给出的配合尺寸，在图（2）、（3）、（4）中注出公称尺寸和公差带代号，并回答下列问题。

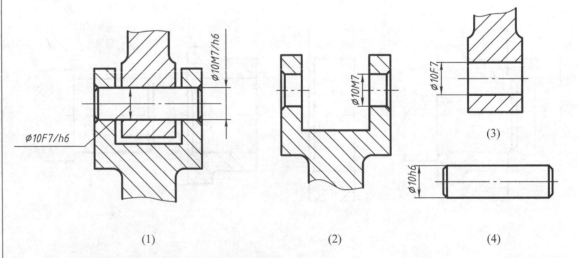

(1)　　　　(2)　　　　(3)

φ10F7/h6 表示 基轴 制 间隙 配合，孔的基本偏差代号为 F ，公差等级为 IT7 ；轴的基本偏差代号为 h ，公差等级为 IT6 。

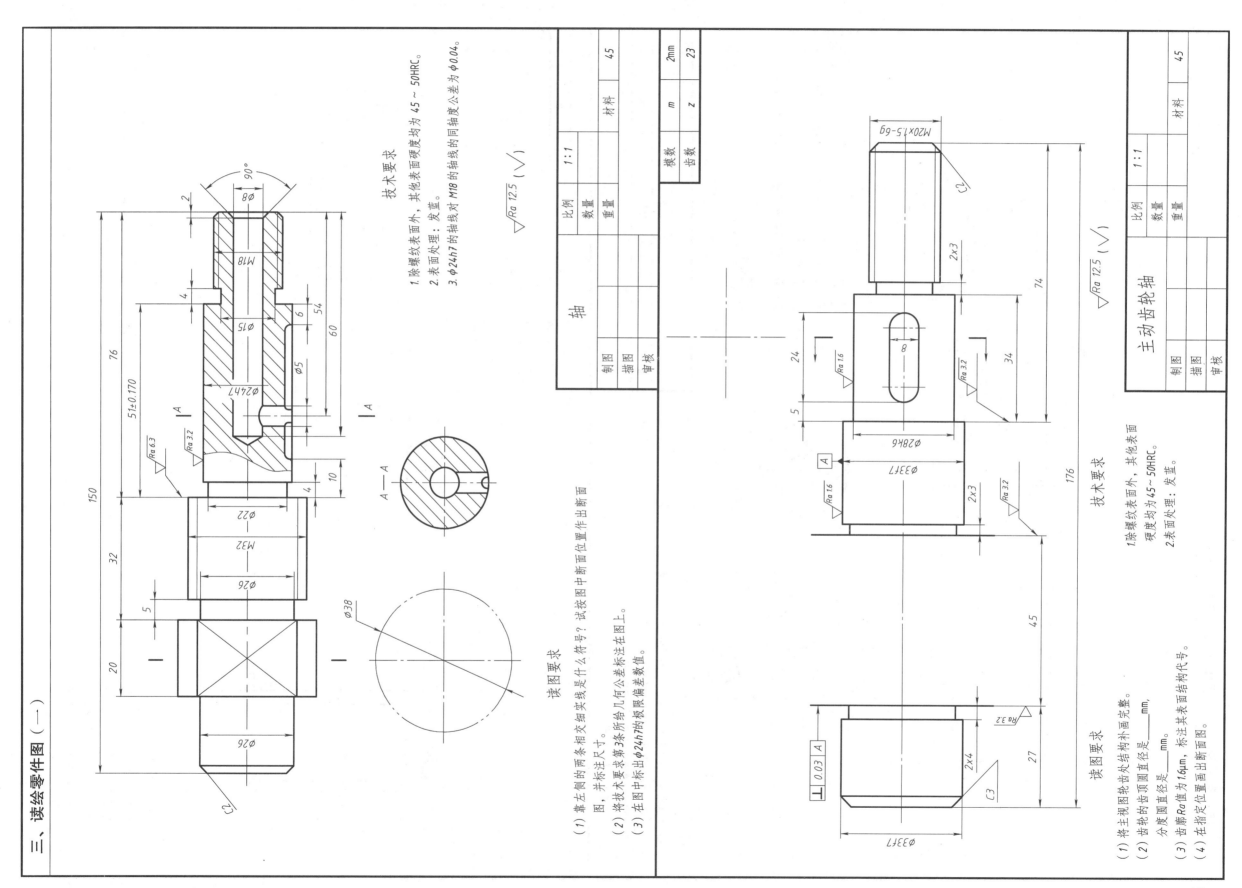

三、读绘零件图（一）

读图要求

(1) 靠左侧的两条相交细实线是什么符号？试按图中断面位置作出断面图，并标注尺寸。

(2) 将技术要求第3条所给几何公差标注在图上。

(3) 在图中标出 φ24h7的极限偏差数值。

技术要求

1. 除螺纹表面外，其他表面硬度均为 45～50HRC。

2. 表面处理：发蓝。

3. φ24h7的轴线对 M18 的轴线的同轴度公差为 φ0.04。

√Ra 12.5 （√）

轴		比例	1:1
		数量	
		重量	
		材料	45
制图			
描图			
审核			

主动齿轮轴

读图要求

(1) 将主视图齿轮齿处结构补画完整。

(2) 齿轮齿顶圆直径是____mm。分度圆直径是____mm。

(3) 齿廓Ra值为1.6μm，标注其表面结构代号。

(4) 在指定位置画出断面图。

技术要求

1. 除螺纹表面外，其他表面硬度均为 45～50HRC。

2. 表面处理：发蓝。

√Ra 12.5 （√）

主动齿轮轴		比例	1:1
		数量	
		重量	
		模数	2mm
		齿数	23
		材料	45
制图			
描图			
审核			

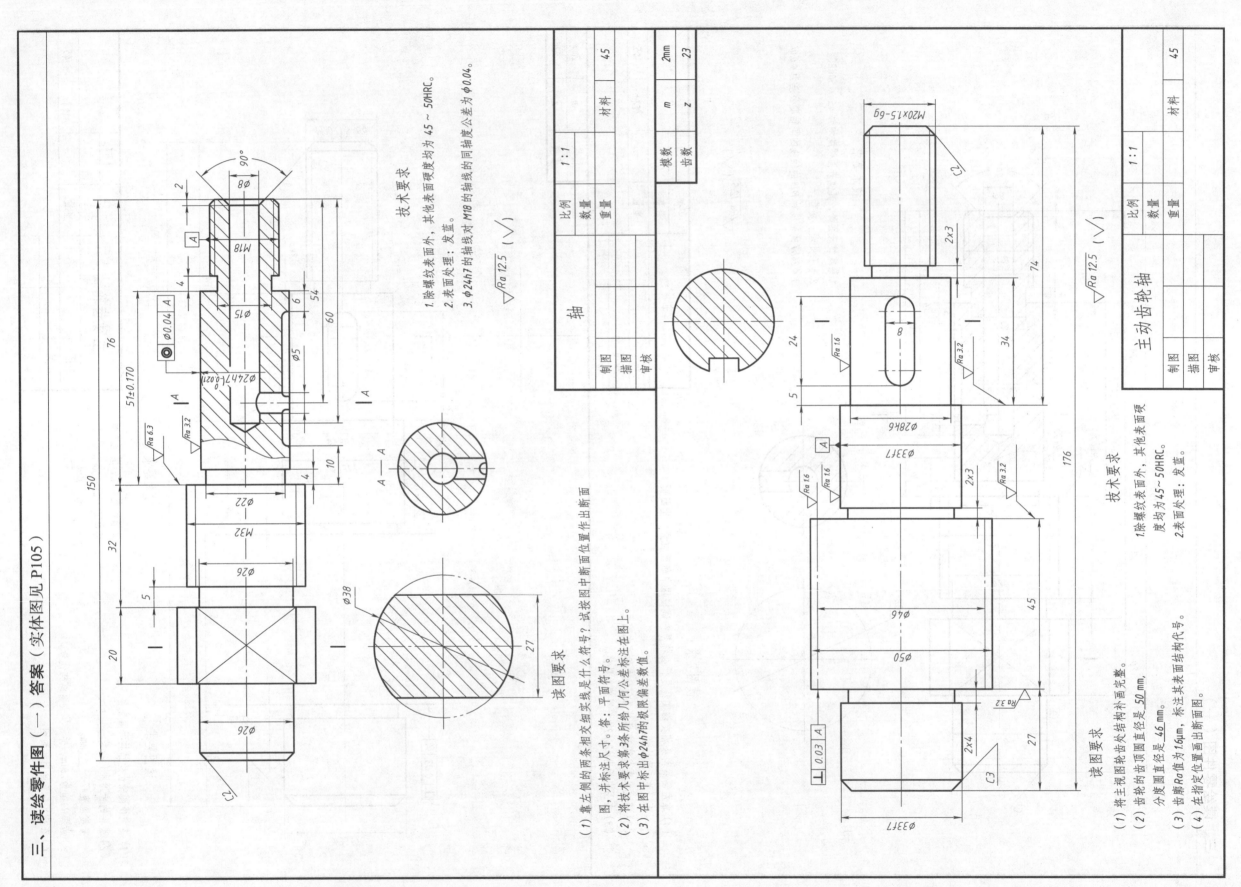

三、读绘零件图（一）答案（实体图见 P105）

技术要求
1. 除螺纹表面外，其他表面硬度为 45 ～ 50HRC。
2. 表面处理：发蓝。
3. φ24h7 的轴线对 M18 的同轴线的同轴度公差为 φ0.04。

$\sqrt{Ra\,12.5}$ （$\sqrt{}$）

轴		比例	1:1		材料	45
		数量				
		重量				
制图						
描图						
审核						

读图要求
（1）靠主视图的两条相交细实线是什么符号？试读图中断面位置作出断面图，并标注尺寸。答：平面符号。
（2）将技术要求第 3 条所给几何公差标注在图上。
（3）在图中标出 φ24h7 的极限偏差数值。

	模数	m	2mm
	齿数	z	23

主动齿轮轴		比例	1:1		材料	45
		数量				
		重量				
制图						
描图						
审核						

$\sqrt{Ra\,12.5}$ （$\sqrt{}$）

技术要求
1. 除螺纹表面外，其他表面硬度均为 45～ 50HRC。
2. 表面处理：发蓝。

读图要求
（1）将主视图轮齿处结构补画完整。
（2）齿轮的齿顶圆直径是 50 mm，分度圆直径是 46 mm。
（3）齿轮 Ra 值为 1.6μm，标注其表面结构代号。
（4）在指定位置画出断面图。

· 14 ·

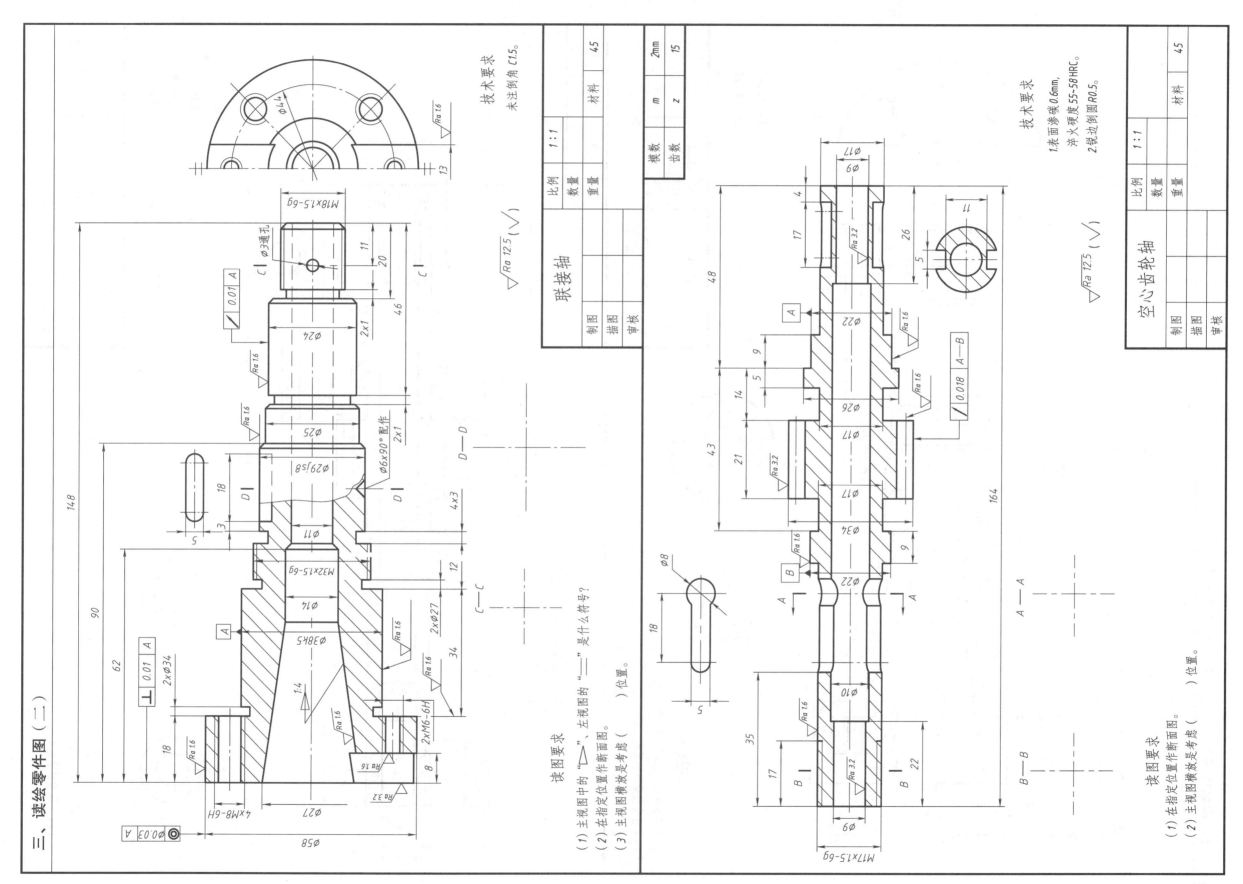

三、读绘零件图（二）

读图要求
（1）主视图中的"▷"，左视图的"—"是什么符号？
（2）在指定位置作断面图。
（3）主视图横放是考虑（   ）位置。

技术要求
未注倒角 C1.5。

比例	1:1	材料	45
数量			
重量			

| 模数 | m | 2mm |
| 齿数 | z | 15 |

联接轴

制图	
描图	
审核	

读图要求
（1）在指定位置作断面图。
（2）主视图横放是考虑（   ）位置。

技术要求
1.表面渗碳0.6mm，淬火硬度55-58HRC。
2.锐边倒圆 R0.5。

比例	1:1	材料	45
数量			
重量			

空心齿轮轴

制图	
描图	
审核	

· 15 ·

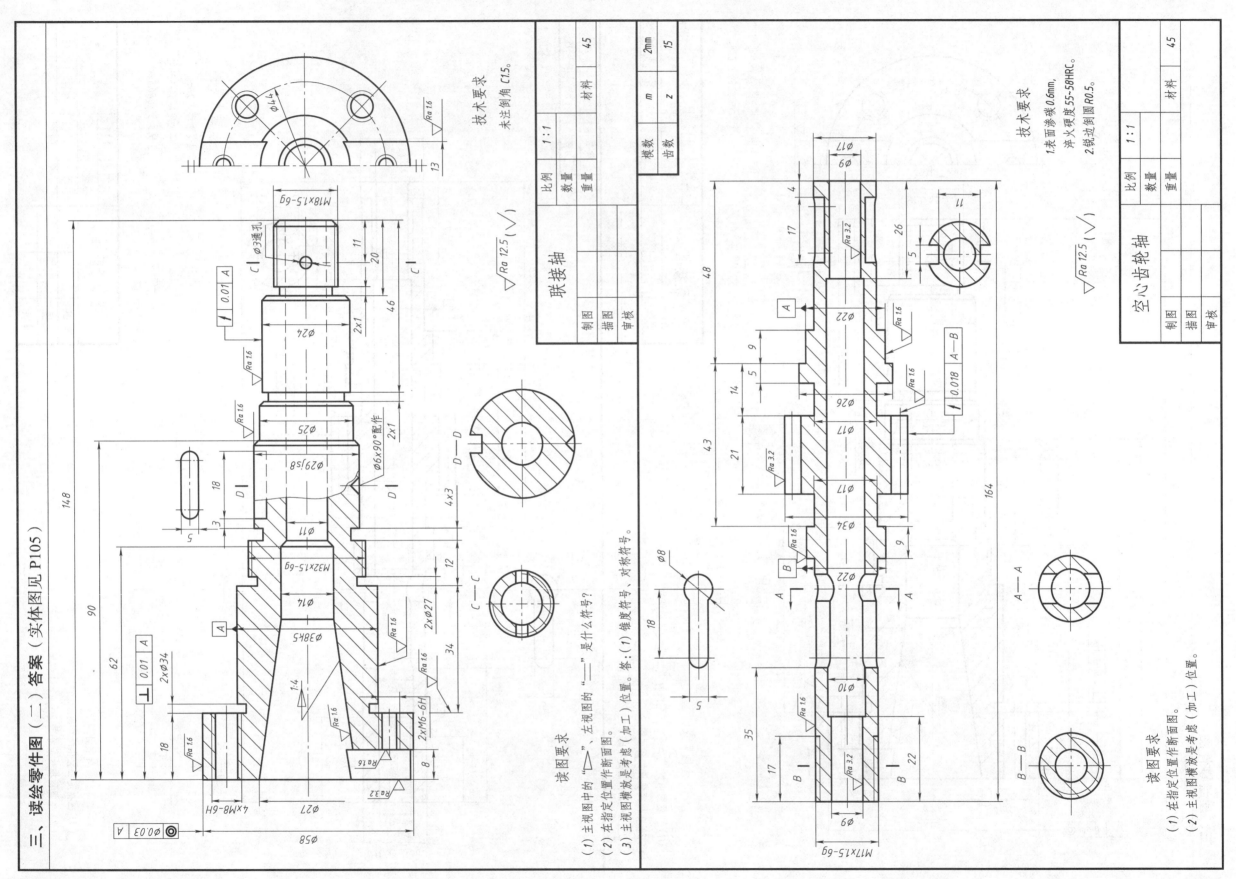

三、读绘零件图（二）答案（实体图见 P105）

· 16 ·

读图要求

（1）主视图中的"＝"，左视图的"＝"是什么符号？

（2）在指定位置作断面图。

（3）主视图横放是考虑（加工）位置。答：(1)（锥度符号，对称符号。

联接轴

比例	1:1
数量	
重量	
材料	45

制图	
描图	
审核	

技术要求

未注倒角 C1.5。

读图要求

（1）在指定位置作断面图。

（2）主视图横放是考虑（加工）位置。

空心齿轮轴

| 模数 | m | 2mm |
| 齿数 | z | 15 |

比例	1:1
数量	
重量	
材料	45

制图	
描图	
审核	

技术要求

1.表面渗碳 0.6mm，
　淬火硬度 55-58HRC。
2.锐边倒圆 R0.5。

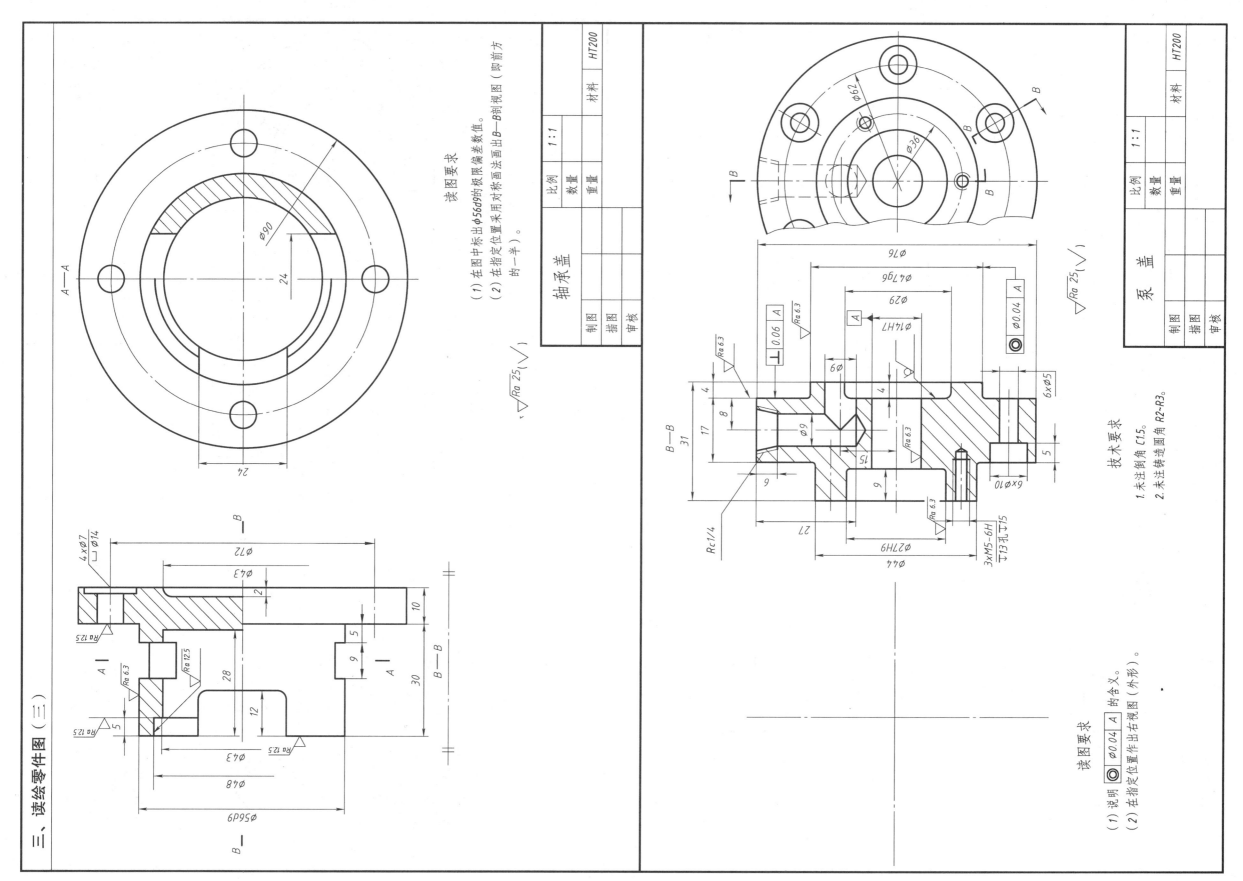

三、读绘零件图（三）

泵 盖

	比例	1:1		材料	HT200
	数量				
	重量				
制图					
描图					
审核					

技术要求
1. 未注倒角 C1.5。
2. 未注铸造圆角 R2~R3。

读图要求
(1) 说明 ⊙ | 0.04 | A | 的含义。
(2) 在指定位置作出右视图（外形）。

轴承盖

	比例	1:1		材料	HT200
	数量				
	重量				
制图					
描图					
审核					

读图要求
(1) 在图中标出 φ56d9 的极限偏差数值。
(2) 在指定位置采用对称画法画出 B—B 剖视图（即前方的一半）。

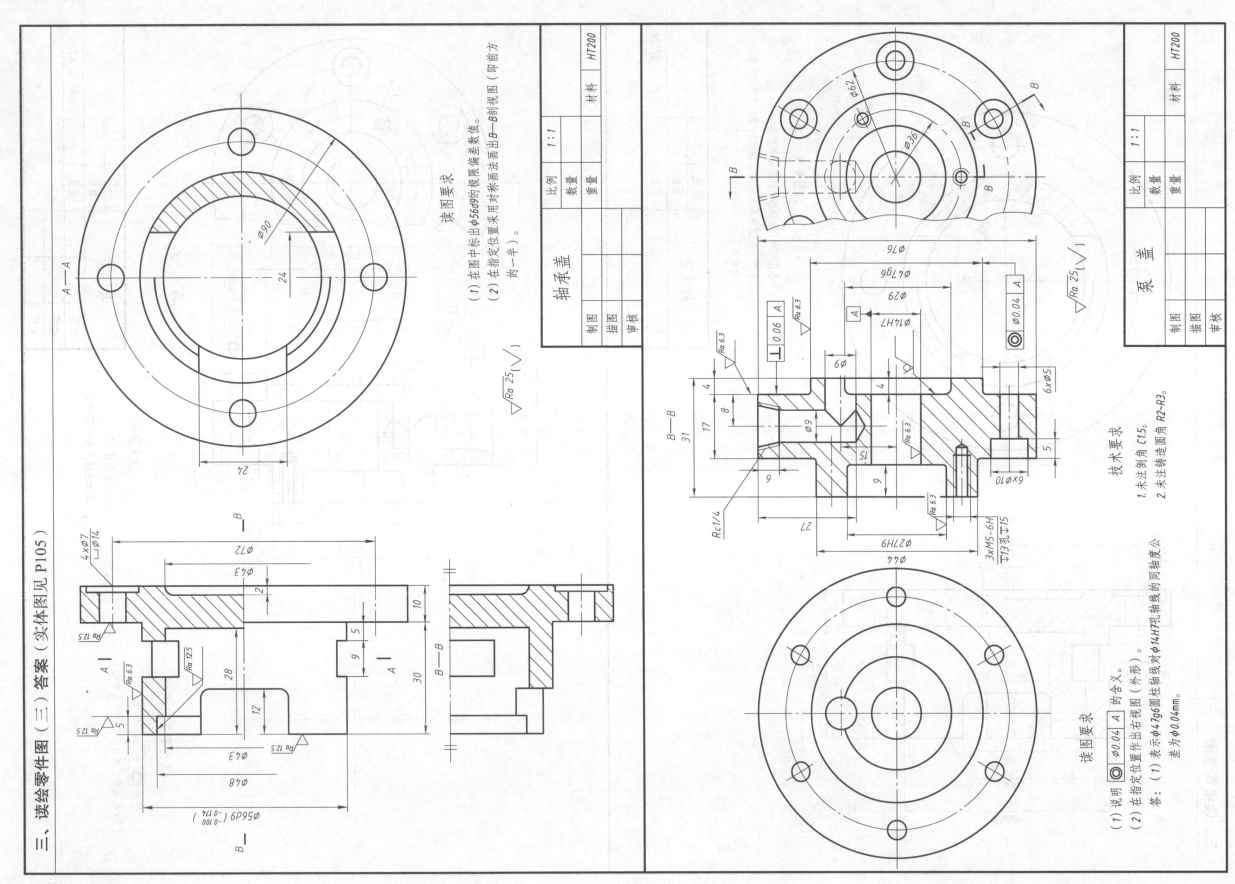

三、读绘零件图（三）答案（实体图见 P105）

· 18 ·

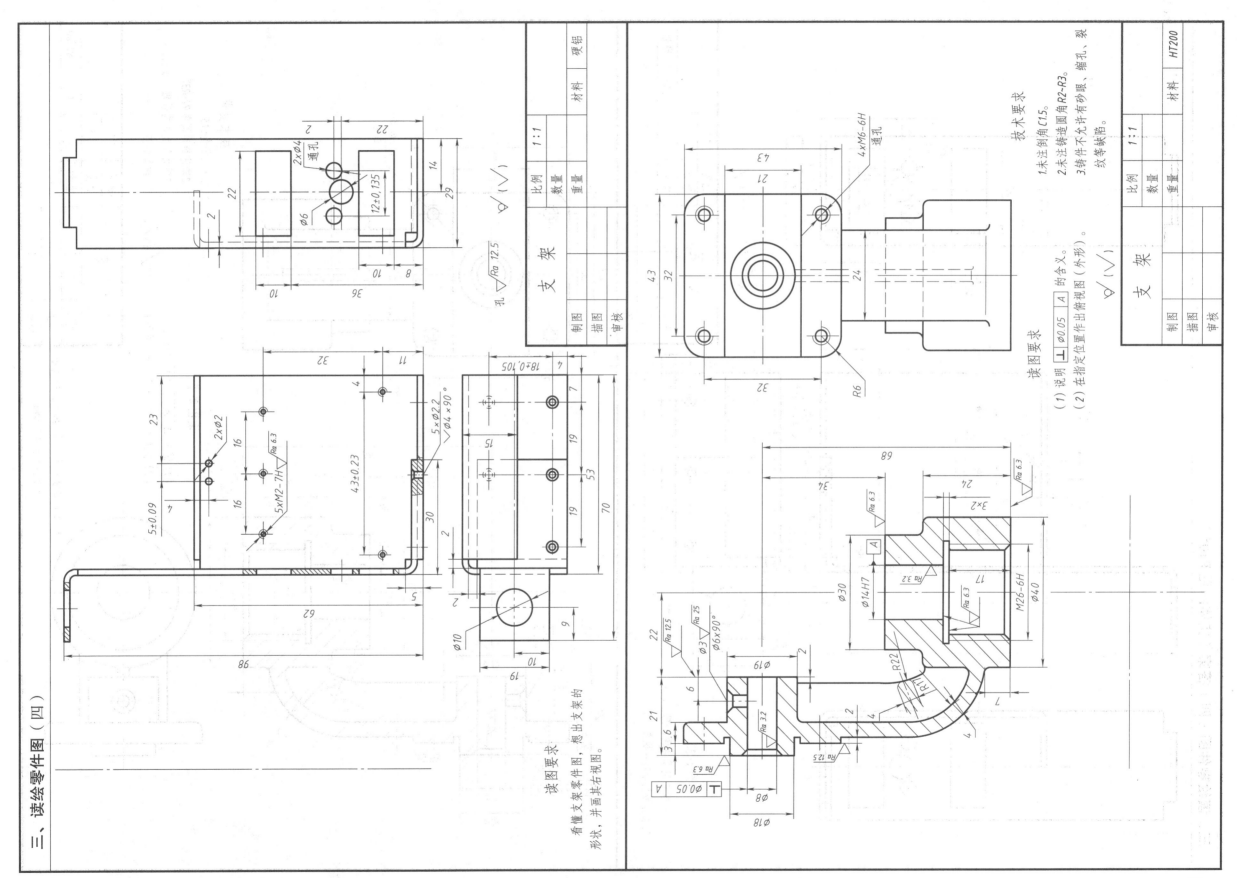

三、读绘零件图（四）

读图要求

看懂支架零件图，想出支架的
形状，并画其右视图。

支 架

制图		比例	1:1
描图		数量	
审核		重量	材料	硬铝

孔 √Ra 12.5   √(√)

技术要求

1.未注倒角C1.5。
2.未注铸造圆角R2~R3。
3.铸件不允许有砂眼、缩孔、裂
纹等缺陷。

读图要求

(1) 说明 ⊥ ∅0.05 A 的含义。
(2) 在指定位置作出俯视图（外形）。

支 架

制图		比例	1:1
描图		数量	
审核		重量	材料	HT200

√(√)

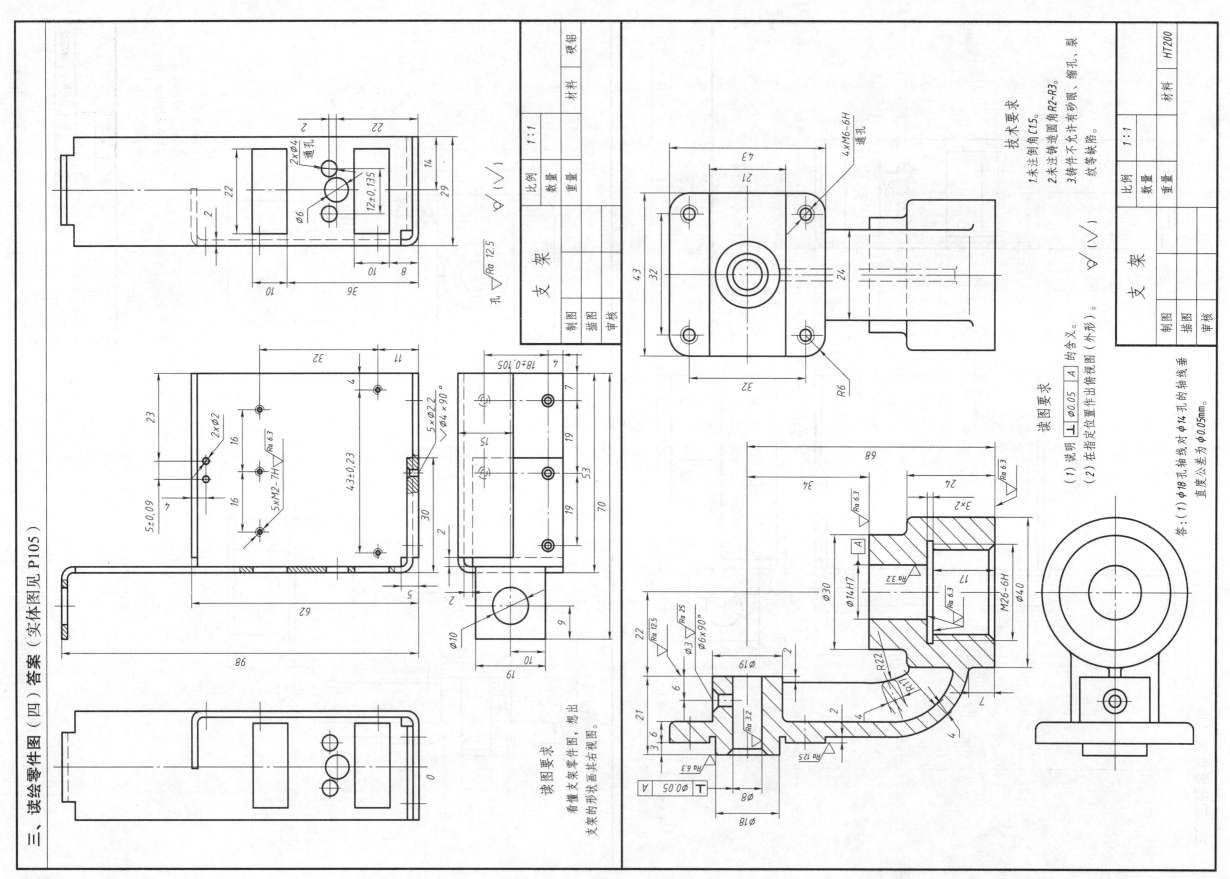

三、读绘零件图（四）答案（实体图见 P105）

读图要求
看懂支架零件图，想出
支架的形状并画其右视图。

读图要求

（1）说明 ⟂∣⌀0.05∣A∣ 的含义。

（2）在指定位置作出俯视图（外形）。

答：（1）⌀18孔轴线对⌀14孔的轴线垂
直度公差为⌀0.05mm。

支 架

制图			比例	1:1
描图			数量	
审核		材料	硬铝	

孔 ▽Ra 12.5　▽(√)

支 架

制图			比例	1:1
描图			数量	
审核		材料	HT200	

技术要求
1.未注倒角C1.5。
2.未注铸造圆角R2-R3。
3.铸件不允许有砂眼、缩孔、裂
纹等缺陷。

▽(√)

三、读绘零件图（五）

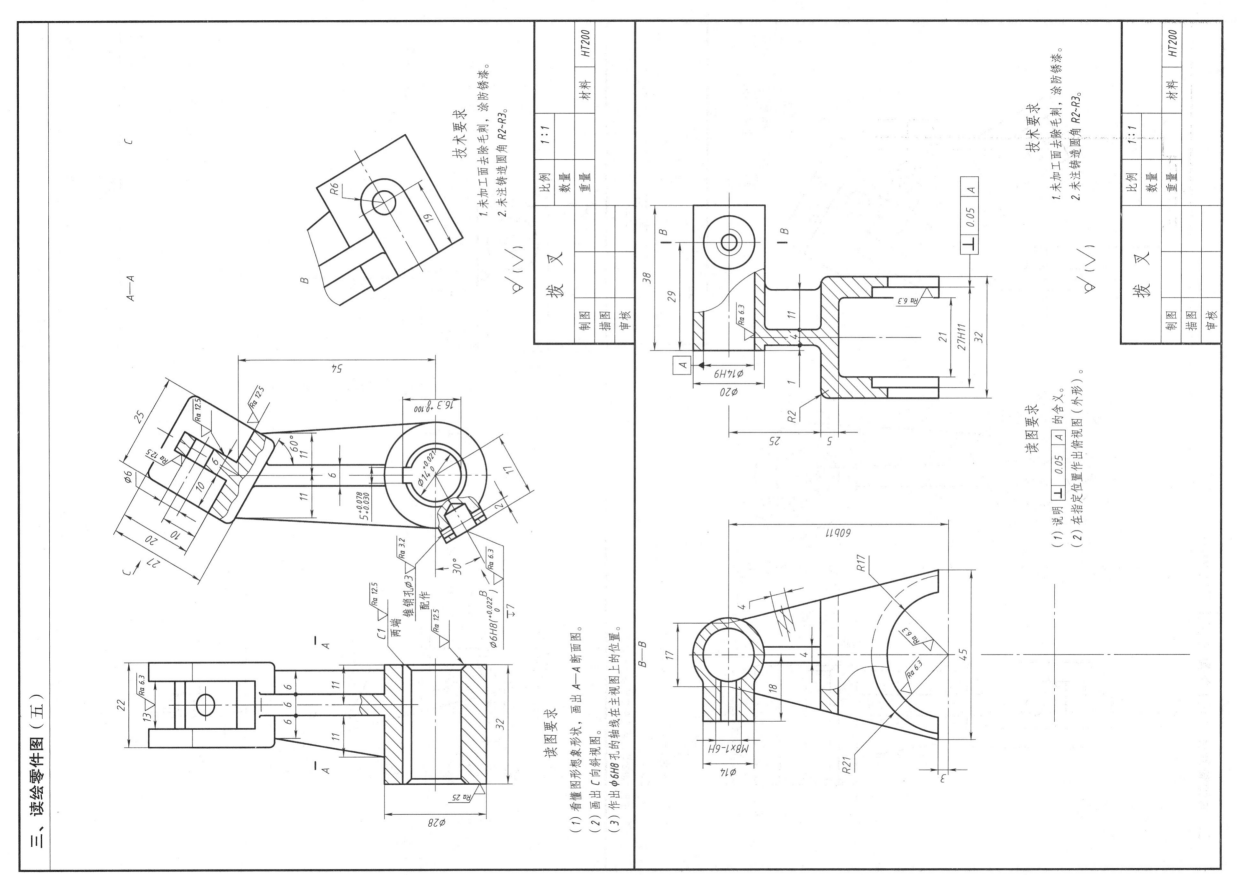

读图要求

(1) 看懂图形想象形状，画出 A—A 断面图。

(2) 画出 C 向斜视图。

(3) 作出 φ6H8 孔的轴线在主视图上的位置。

技术要求

1. 未加工面去除毛刺，涂防锈漆。

2. 未注铸造圆角 R2—R3。

∇（√）

拨	叉		
制图		比例	1:1
描图		数量	
审核		重量	
		材料	HT200

读图要求

(1) 说明 ⊥ 0.05 A 的含义。

(2) 在指定位置作出阶梯视图（外形）。

技术要求

1. 未加工面去除毛刺，涂防锈漆。

2. 未注铸造圆角 R2—R3。

∇（√）

拨	叉		
制图		比例	1:1
描图		数量	
审核		重量	
		材料	HT200

· 21 ·

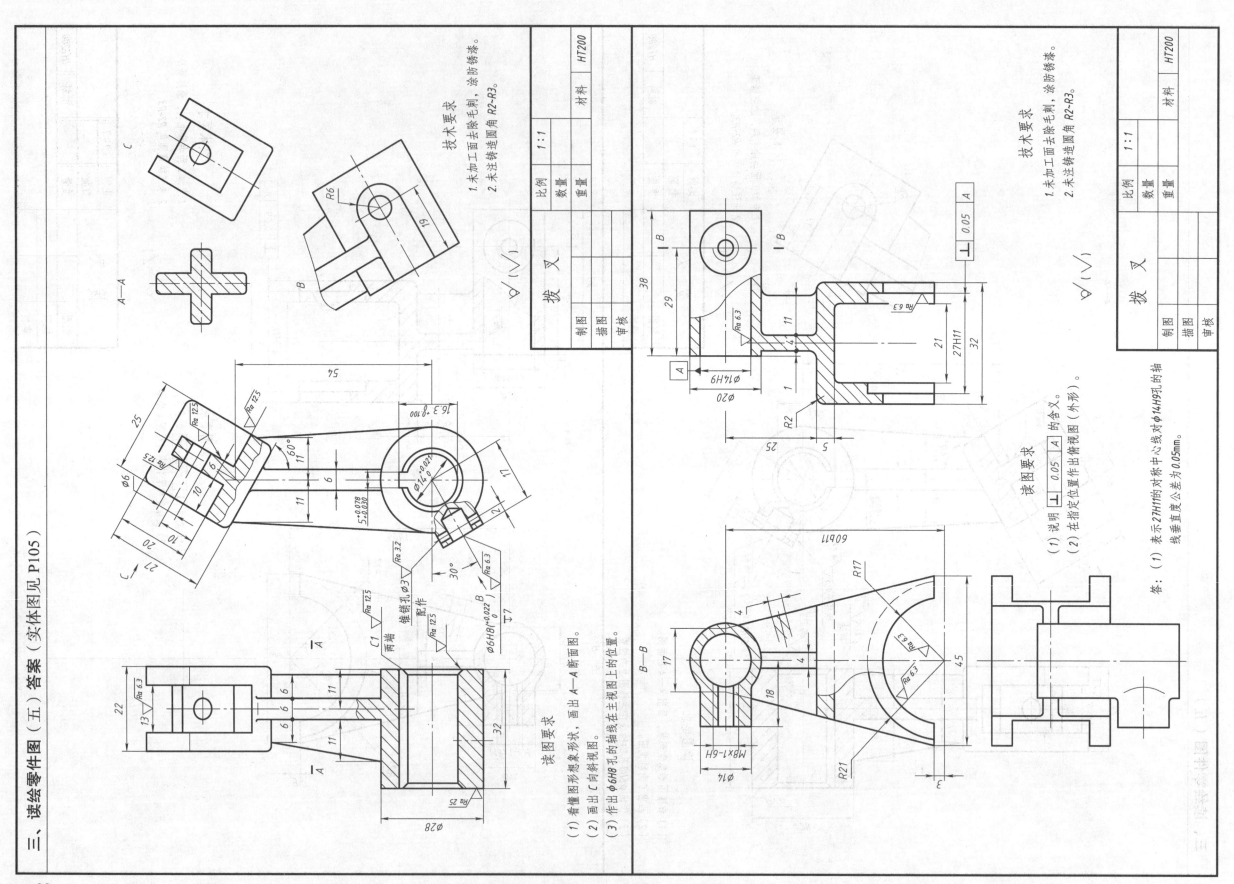

三、读绘零件图（五）答案（实体图见 P105）

· 22 ·

三、读绘零件图（六）*

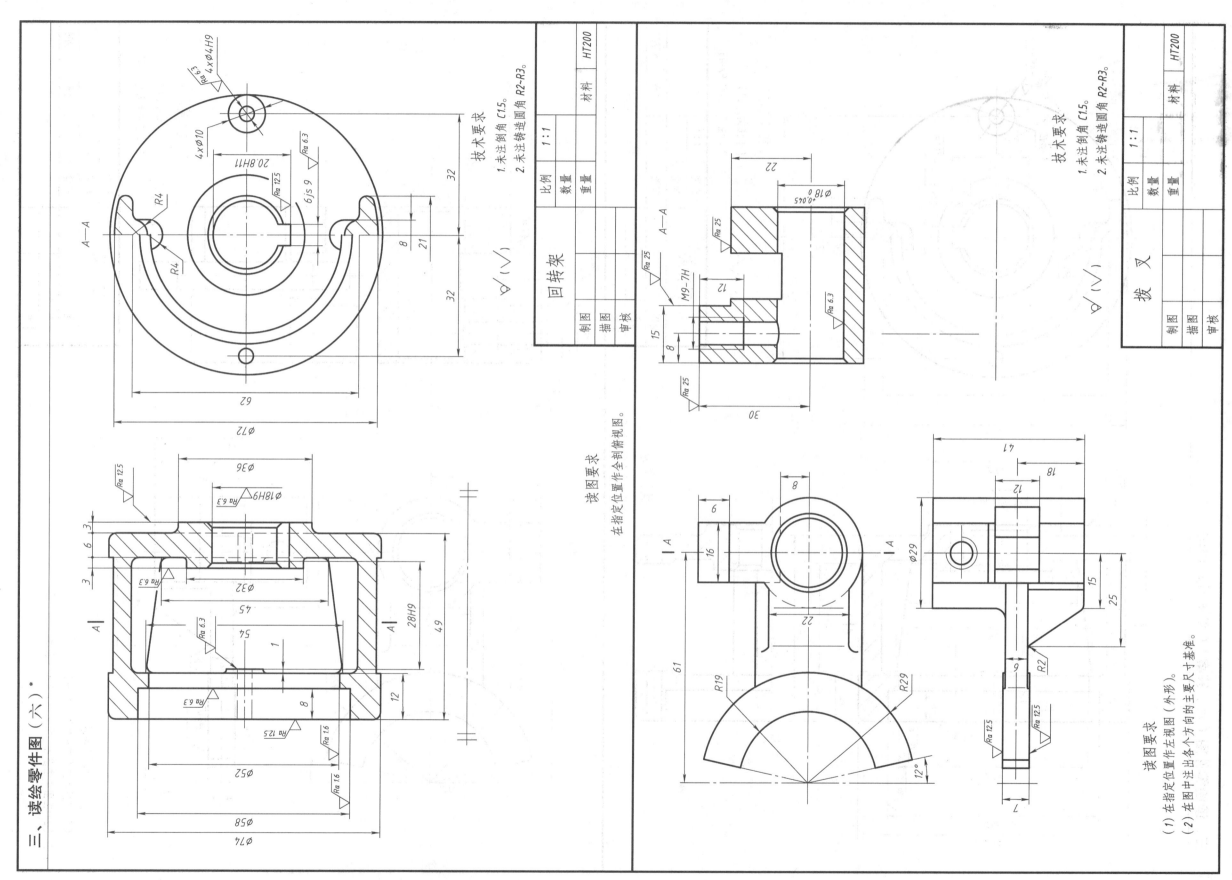

读图要求
在指定位置作全剖俯视图。

技术要求
1. 未注倒角 C1.5。
2. 未注铸造圆角 R2~R3。

比例	1:1			材料	HT200
数量					
重量					
回转架		制图			
		描图			
		审核			

读图要求
(1) 在指定位置作左视图（外形）。
(2) 在图中注出各个方向的主要尺寸基准。

技术要求
1. 未注倒角 C1.5。
2. 未注铸造圆角 R2~R3。

比例	1:1			材料	HT200
数量					
重量					
拨 叉		制图			
		描图			
		审核			

· 23 ·

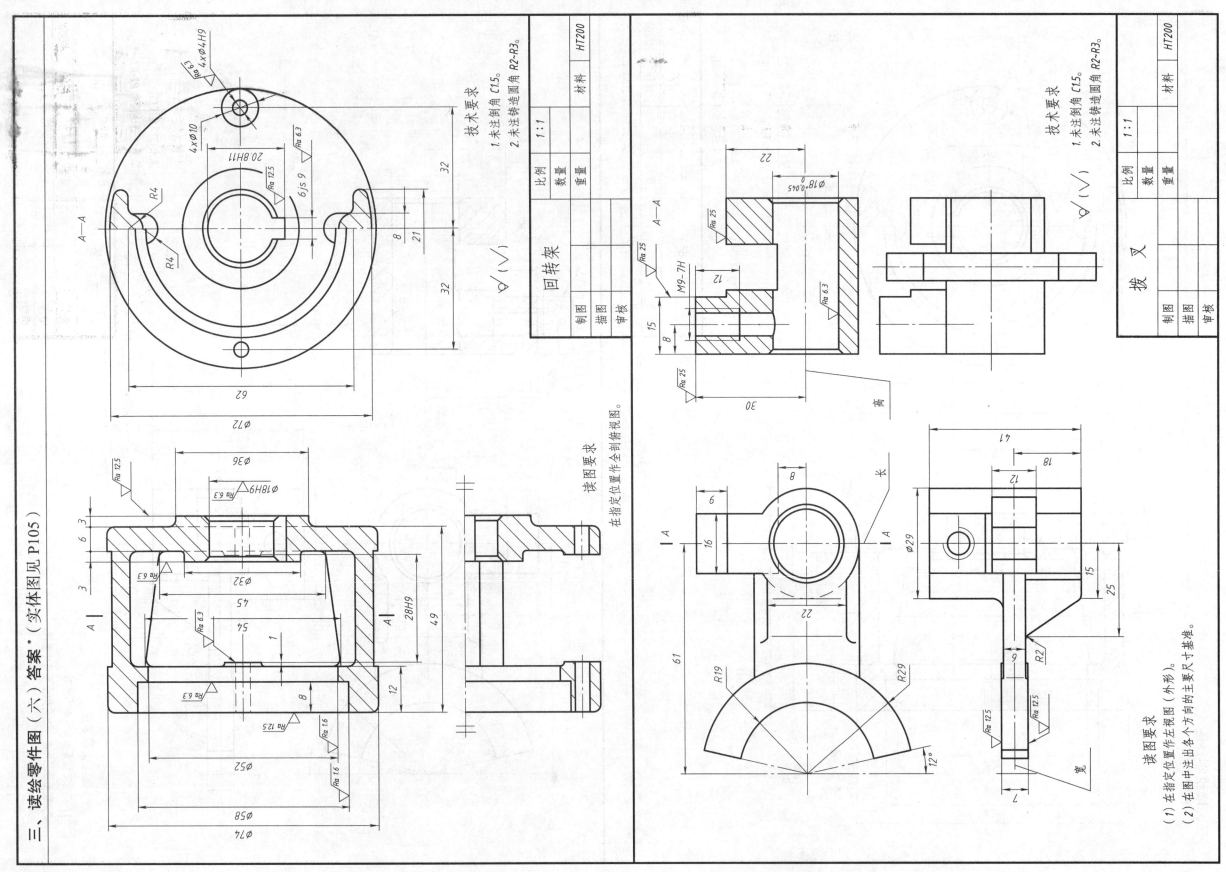

三、读绘零件图（六）答案＊（实体图见 P105）

· 24 ·

回转架

技术要求
1. 未注倒角 C15。
2. 未注铸造圆角 R2-R3。

比例	1：1	材料	HT200
数量			
重量			

制图
描图
审核

读图要求
在指定位置作全剖俯视图。

拨　叉

技术要求
1. 未注倒角 C15。
2. 未注铸造圆角 R2-R3。

比例	1：1	材料	HT200
数量			
重量			

制图
描图
审核

读图要求
(1) 在指定位置作左视图（外形）。
(2) 在图中注出各个方向的主要尺寸基准。

三、读绘零件图（七）

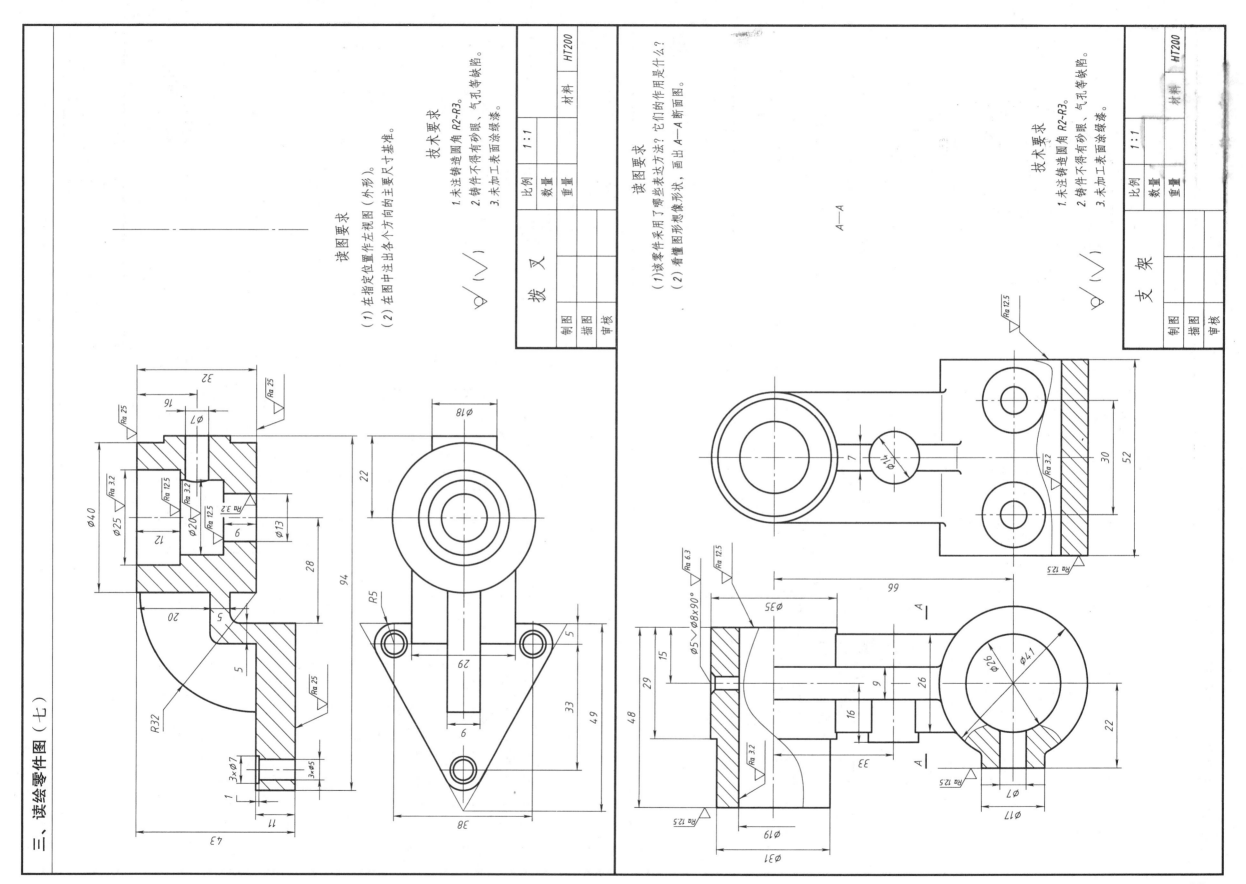

拨 叉

读图要求

(1) 在指定位置作左视图（外形）。
(2) 在图中注出各个方向的主要尺寸基准。

技术要求

1. 未注铸造圆角 R2~R3。
2. 铸件不得有砂眼、气孔等缺陷。
3. 未加工表面涂绿漆。

比例	1:1	材料	HT200
数量			
重量			

制图			
描图			
审核			

支 架

读图要求

(1) 该零件采用了哪些表达方法？它们的作用是什么？
(2) 看懂图形想象形状，画出 A—A 断面图。

技术要求

1. 未注铸造圆角 R2~R3。
2. 铸件不得有砂眼、气孔等缺陷。
3. 未加工表面涂绿漆。

A—A

比例	1:1	材料	HT200
数量			
重量			

制图			
描图			
审核			

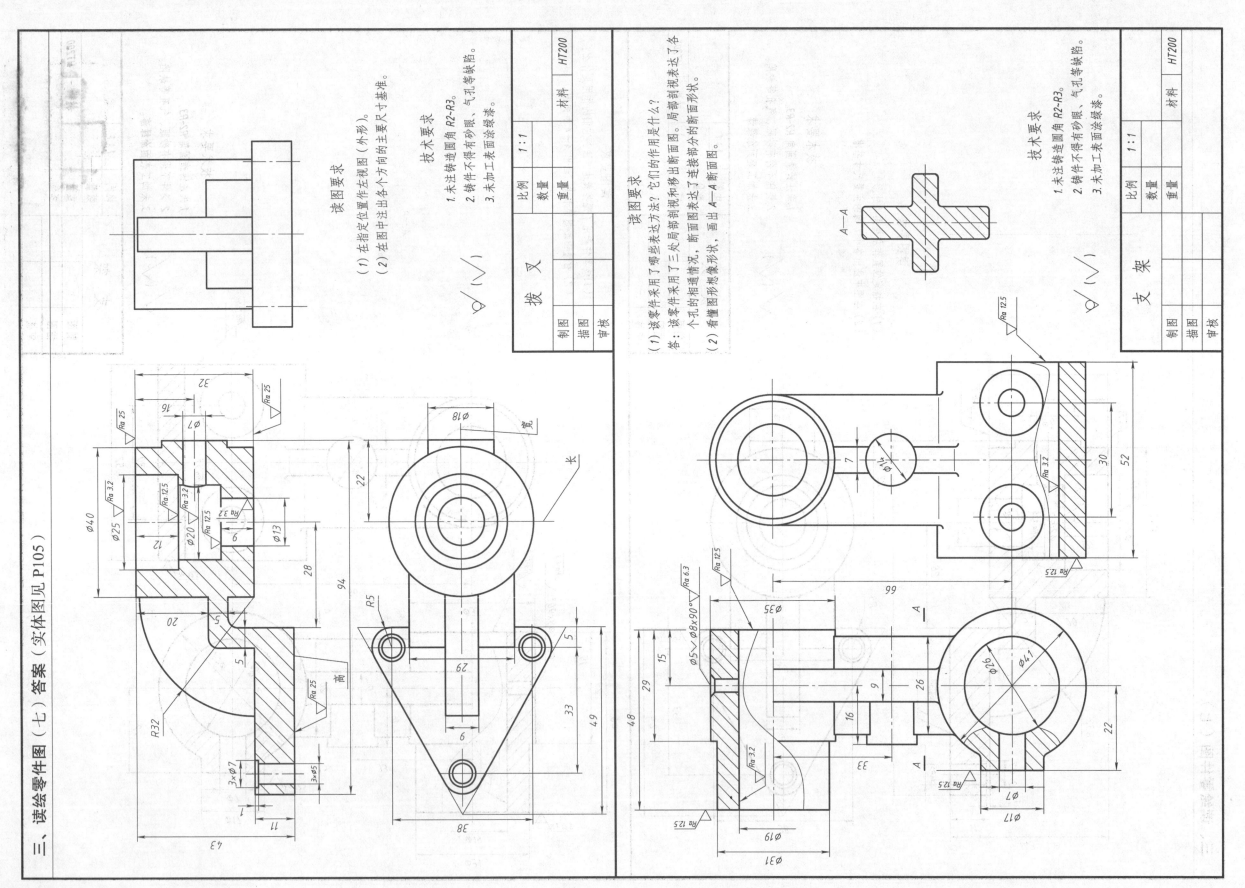

三、读绘零件图（七）答案（实体图见 P105）

拨　叉

读图要求

(1) 在指定位置作左视图（外形）。
(2) 在图中注出各个方向的主要尺寸基准。

技术要求

1. 未注铸造圆角 R2-R3。
2. 铸件不得有砂眼、气孔等缺陷。
3. 未加工表面涂绿漆。

比例	1:1	数量		材料	HT200
重量					
制图					
描图					
审核					

支　架

读图要求

(1) 该零件采用了哪些表达方法？它们的作用是什么？
答：该零件采用了三处局部剖视和移出断面图。局部剖视图表达了各
个孔的相通情况，断面图表达了连接部分的断面形状。
(2) 看懂图形想像形状，画出 A—A 断面图。

技术要求

1. 未注铸造圆角 R2-R3。
2. 铸件不得有砂眼、气孔等缺陷。
3. 未加工表面涂绿漆。

比例	1:1	数量		材料	HT200
重量					
制图					
描图					
审核					

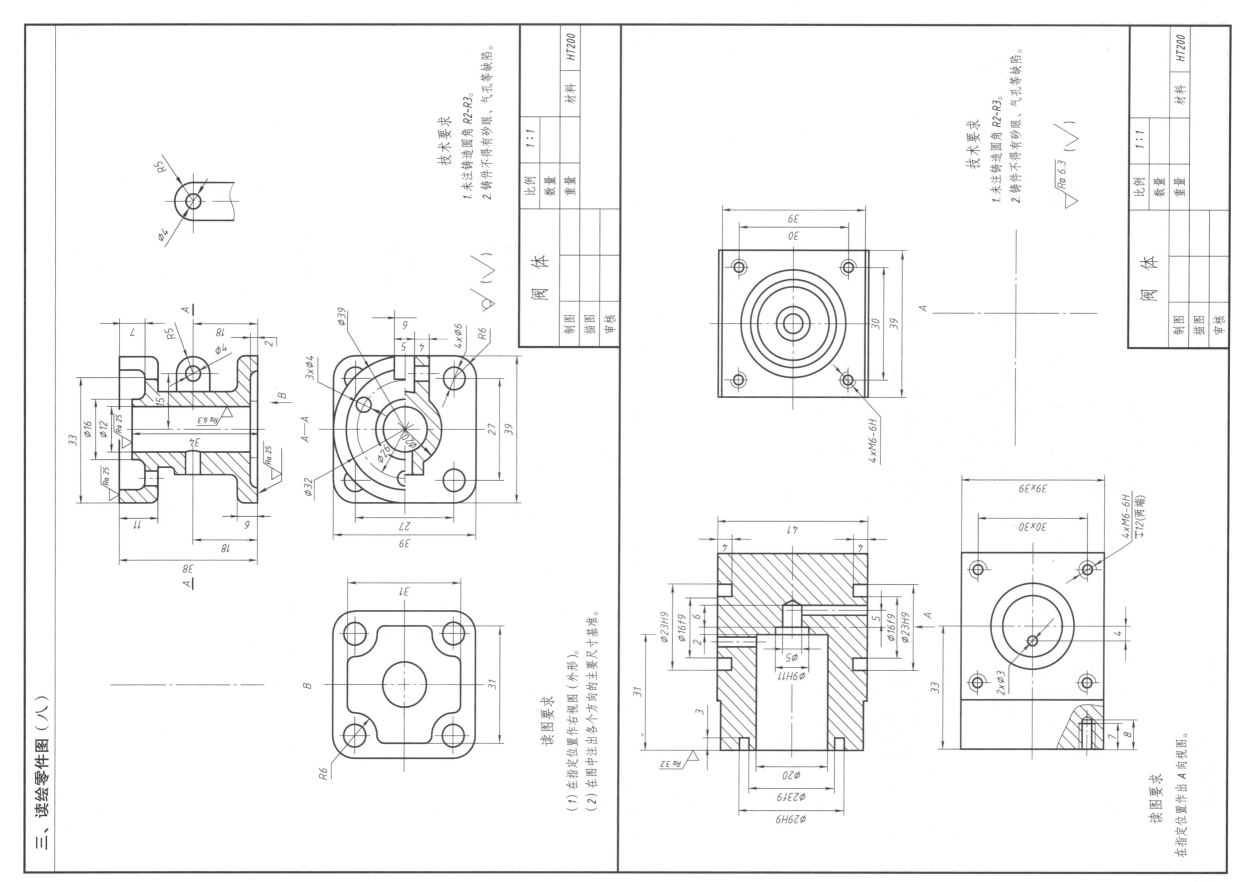

三、读绘零件图（八）

读图要求

（1）在指定位置作右视图（外形）。

（2）在图中注出各个方向的主要尺寸基准。

读图要求

在指定位置作出 A 向视图。

阀 体

制图		比例	1:1
描图		数量	
审核		重量	材料	HT200

技术要求

1.未注铸造圆角 R2-R3。

2.铸件不得有砂眼、气孔等缺陷。

阀 体

制图		比例	1:1
描图		数量	
审核		重量	材料	HT200

技术要求

1.未注铸造圆角 R2-R3。

2.铸件不得有砂眼、气孔等缺陷。

三、读绘零件图（八）答案（实体图见 P.105）

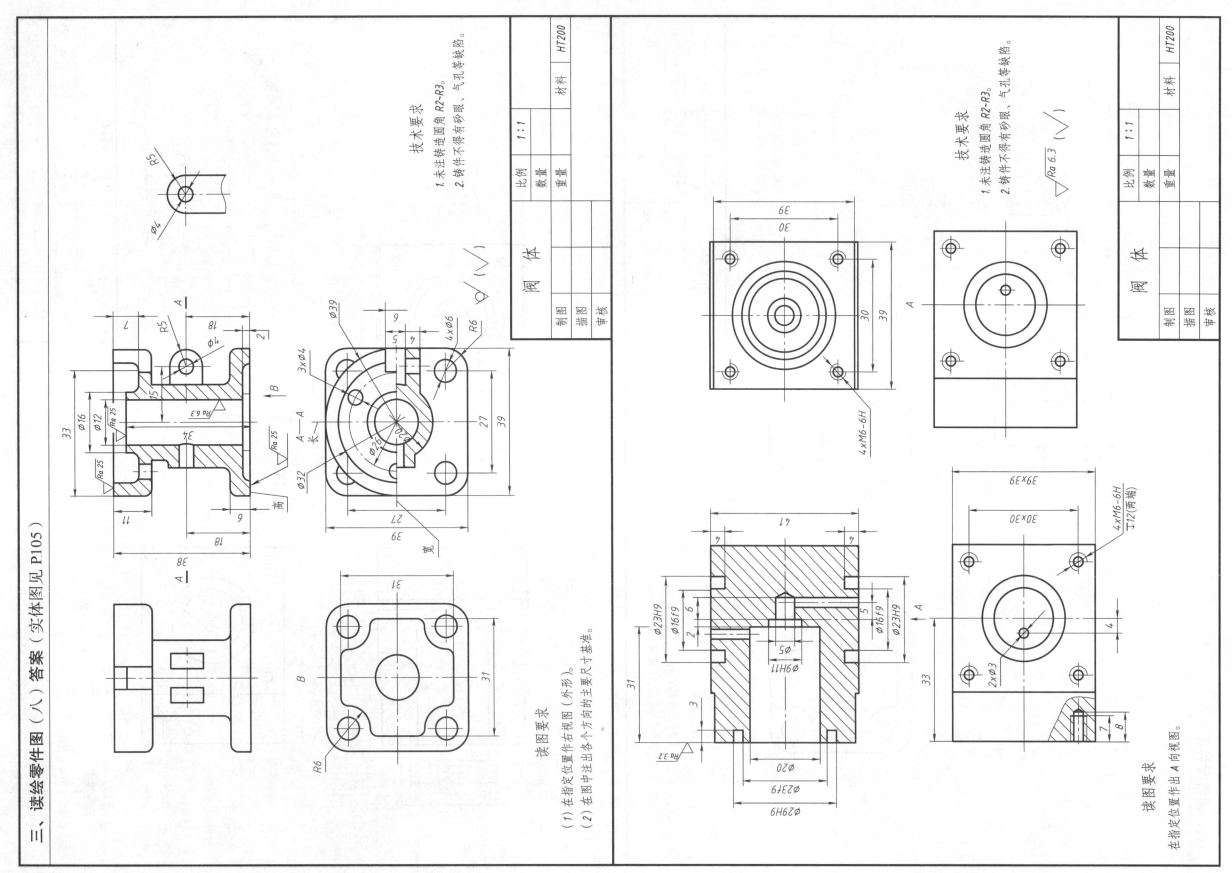

读图要求

（1）在指定位置作右视图（外形）。
（2）在图中注出各个方向的主要尺寸基准。

阀 体

比例	1:1	材料	HT200
数量			
重量			

制图		
描图		
审核		

技术要求
1. 未注铸造圆角 R2-R3。
2. 铸件不得有砂眼、气孔等缺陷。

读图要求

在指定位置作出 A 向视图。

阀 体

比例	1:1	材料	HT200
数量			
重量			

制图		
描图		
审核		

技术要求
1. 未注铸造圆角 R2-R3。
2. 铸件不得有砂眼、气孔等缺陷。

· 28 ·

三、读绘零件图（九）

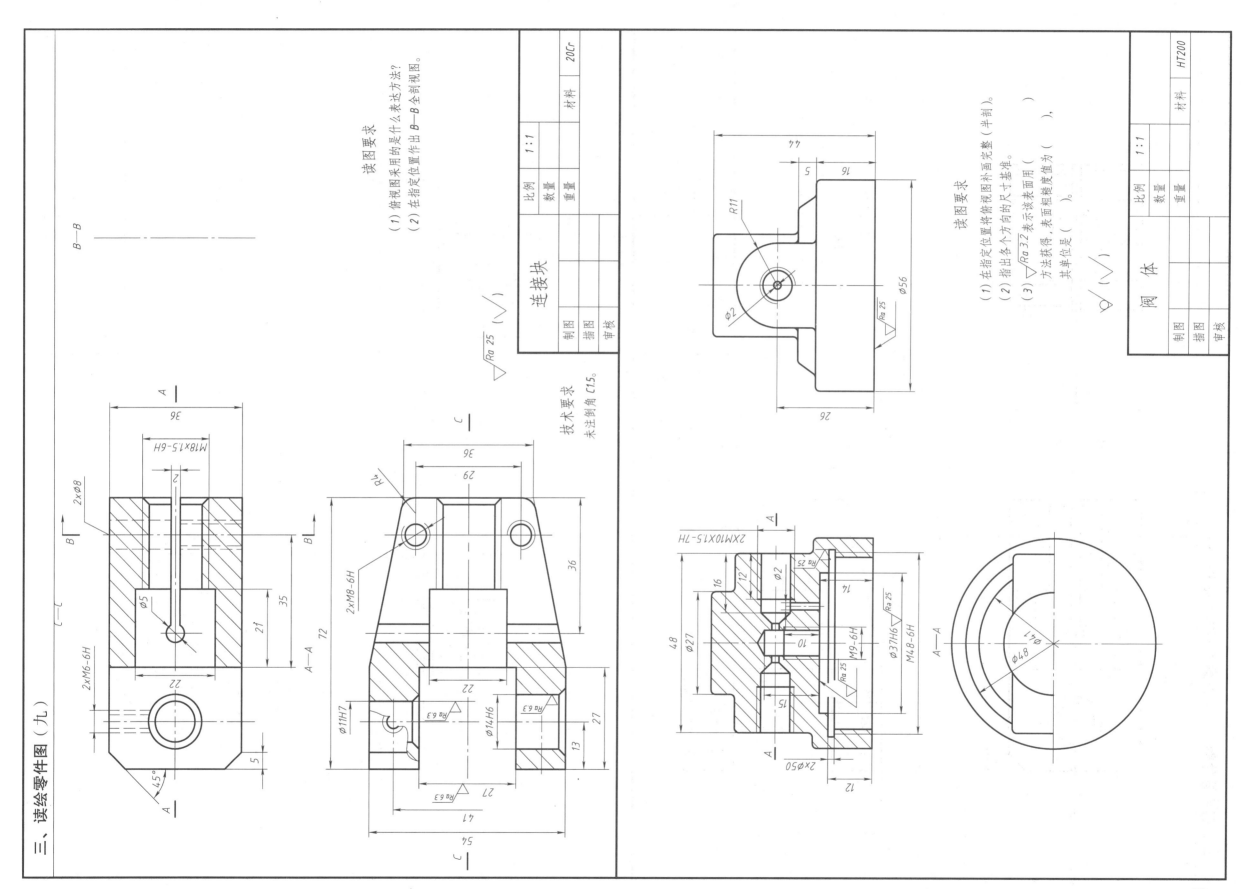

B—B

连接块

		比例	1:1
制图		数量	
描图		重量	
审核		材料	20Cr

读图要求

(1) 俯视图采用的是什么表达方法?
(2) 在指定位置作出 B—B 全剖视图。

技术要求
未注倒角 C1.5。

$\sqrt{Ra\ 25}$ ($\sqrt{}$)

2×M10×1.5-7H

A—A

阀 体

		比例	1:1
制图		数量	
描图		重量	
审核		材料	HT200

读图要求

(1) 在指定位置将阶梯剖视图补画完整（半剖）。
(2) 指出各个方向的尺寸基准。
(3) $\sqrt{Ra\ 3.2}$ 表示该表面用（ ）
方法获得，表面粗糙度值为（ ），
其单位是（ ）。

$\sqrt{}$ ($\sqrt{}$)

· 29 ·

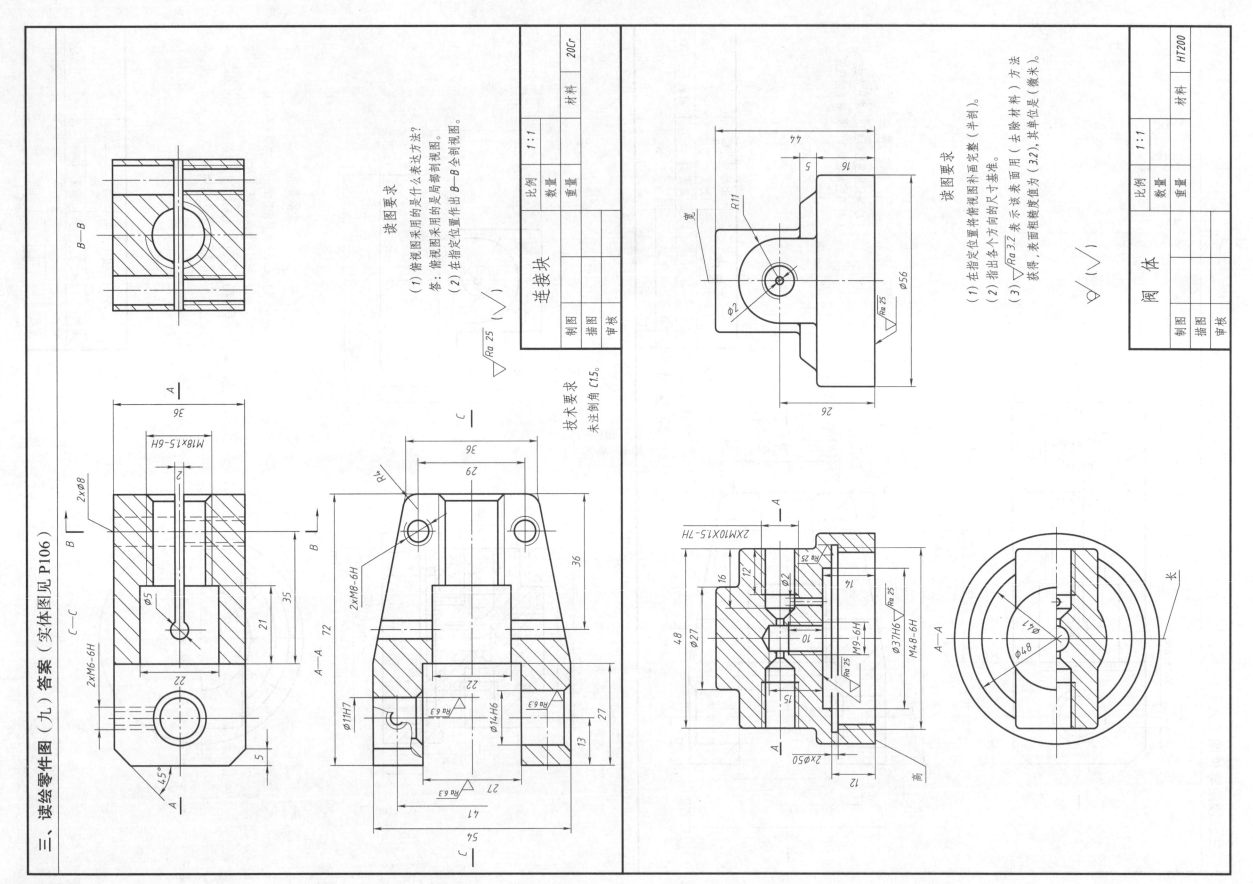

三、读绘零件图（九）答案（实体图见 P106）

连接块

制图			比例	1:1	
描图			数量		
审核			重量		材料	20Cr

读图要求

（1）俯视图采用的是什么表达方法？
答：俯视图采用的是局部剖视图。
（2）在指定位置作出 B—B 全剖视图。

技术要求

未注倒角 C1.5。

$\sqrt{Ra\ 25}$ （√）

阀 体

制图			比例	1:1	
描图			数量		
审核			重量		材料	HT200

读图要求

（1）在指定位置将俯视图补画完整（半剖）。
（2）指出各个方向的尺寸基准。
（3）$\sqrt{Ra\ 3.2}$ 表示该表面用（去除材料）方法
获得，表面粗糙度值为（3.2），其单位是（微米）。

$\sqrt{(\sqrt{\ })}$

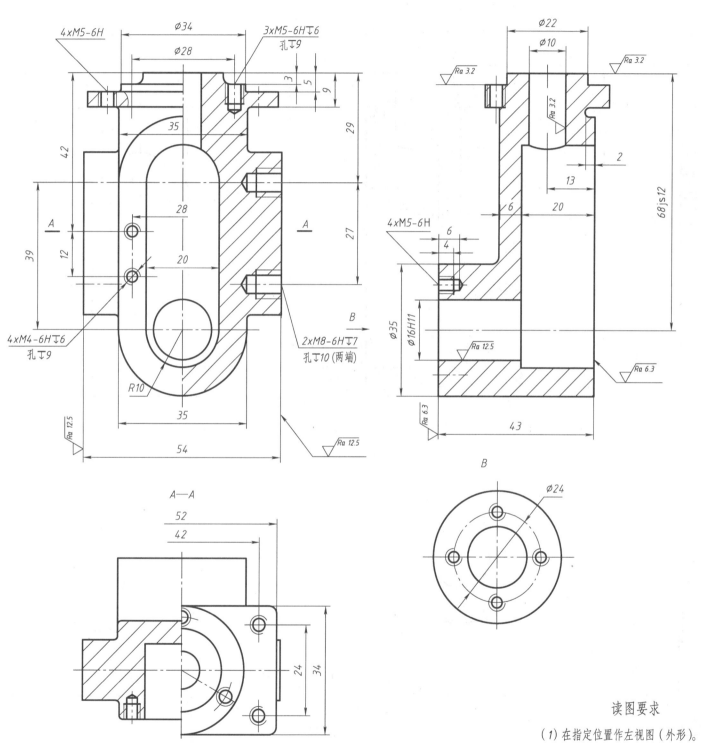

技术要求

1. 未注铸造圆角 R3。

2. 铸件不得有砂眼、气孔、裂纹等缺陷。

3. 孔口倒角 C1.5。

读图要求

（1）在指定位置作左视图（外形）。

（2）在图中注出各个方向的主要尺寸基准。

底 座		比例	1:1
		数量	
制图		重量		材料	HT200
描图					
审核					

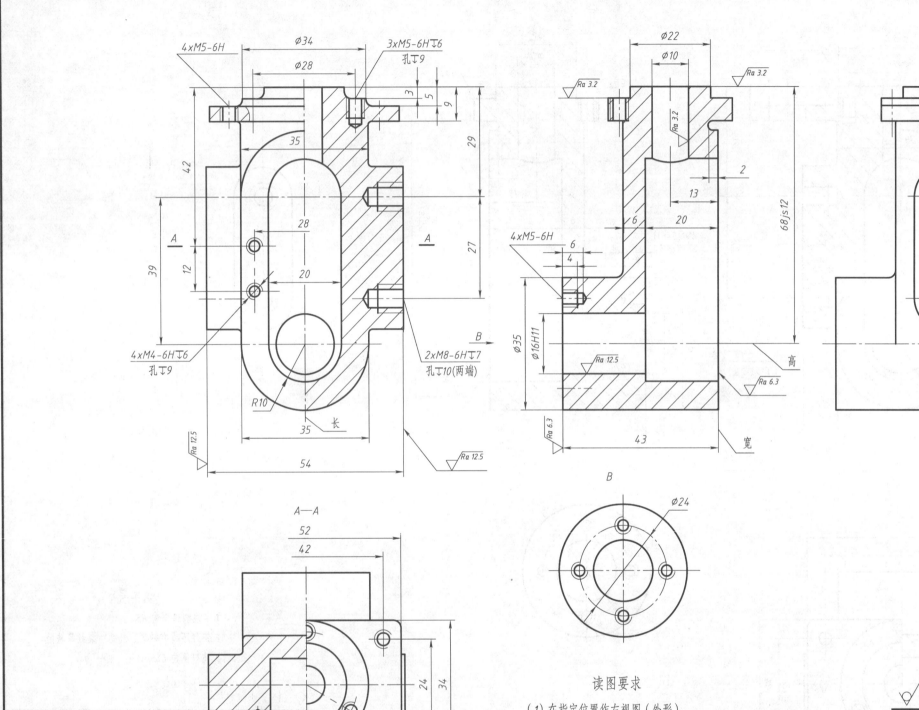

技术要求

1. 未注铸造圆角 R3。
2. 铸件不得有砂眼、气孔、裂纹等缺陷。
3. 孔口倒角 C1.5。

读图要求

（1）在指定位置作左视图（外形）。
（2）在图中注出各个方向的主要尺寸基准。

底　座	比例	1:1		
	数量			
制图		重量		材料	HT200
描图				
审核				

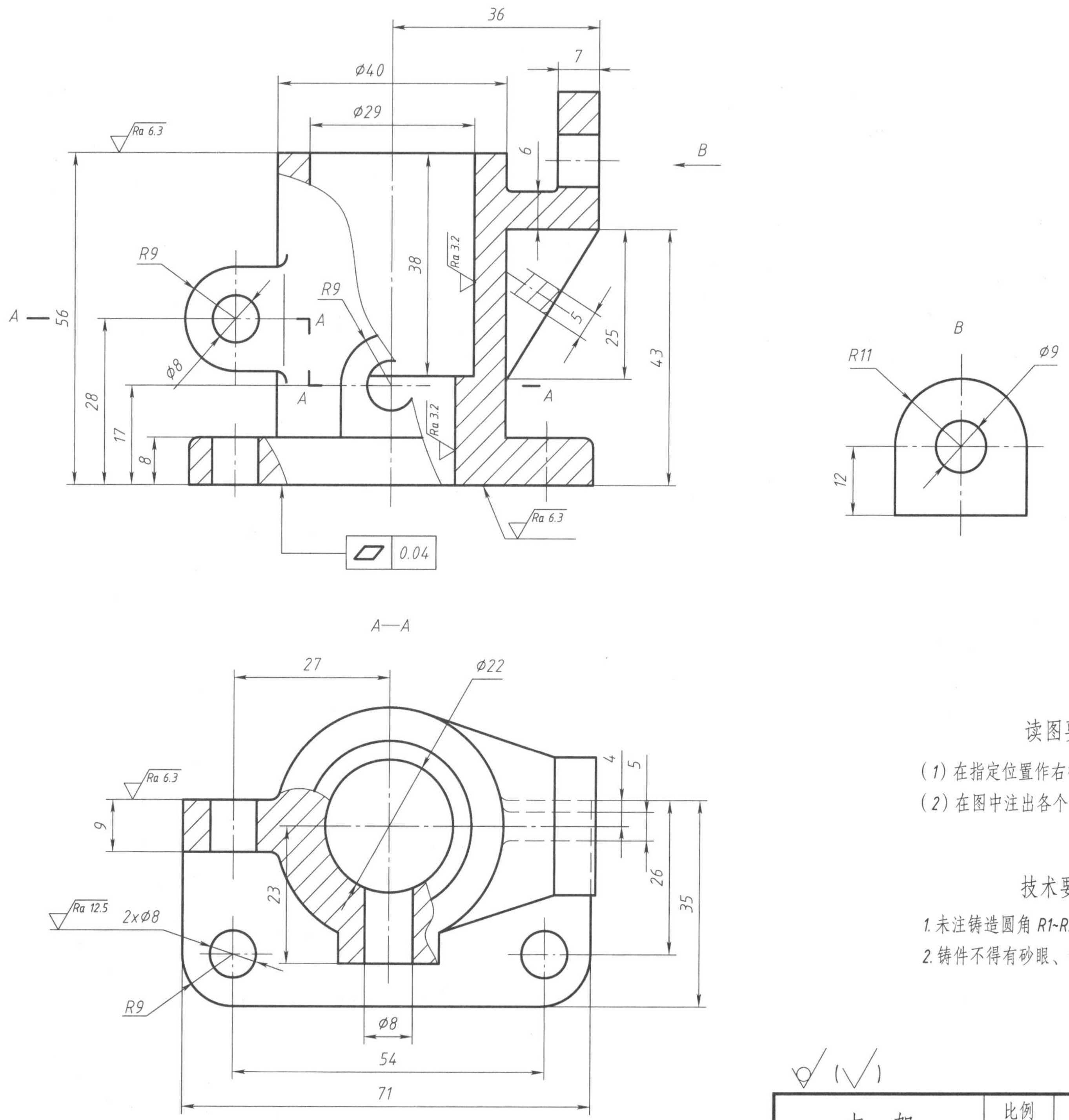

A—A

读图要求

（1）在指定位置作右视图（外形）。

（2）在图中注出各个方向的主要尺寸基准。

技术要求

1. 未注铸造圆角 R1~R3。

2. 铸件不得有砂眼、气孔、裂纹等缺陷。

支 架		比例	1:1
		数量	
制图		重量		材料	硬铝
描图					
审核					

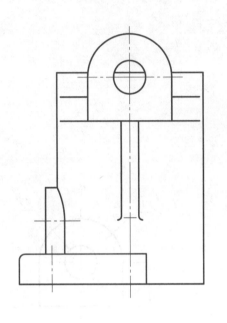

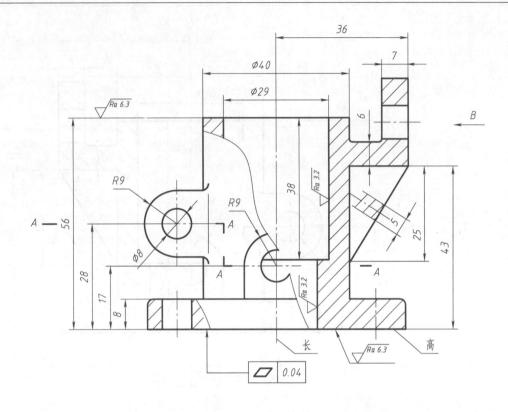

$A{-}A$

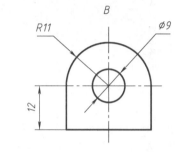

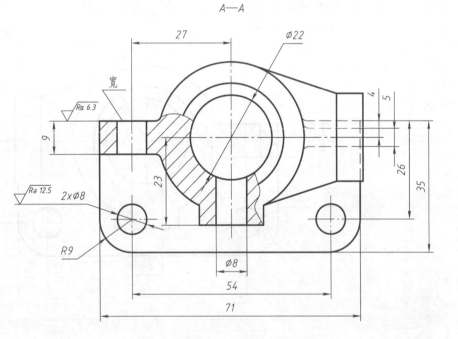

读图要求

（1）在指定位置作右视图（外形）。

（2）在图中注出各个方向的主要尺寸基准。

技术要求

1. 未注铸造圆角 R1~R3。

2. 铸件不得有砂眼、气孔、裂纹等缺陷。

支 架	比例	1:1	
	数量		
制图		重量	材料 硬铝
描图			
审核			

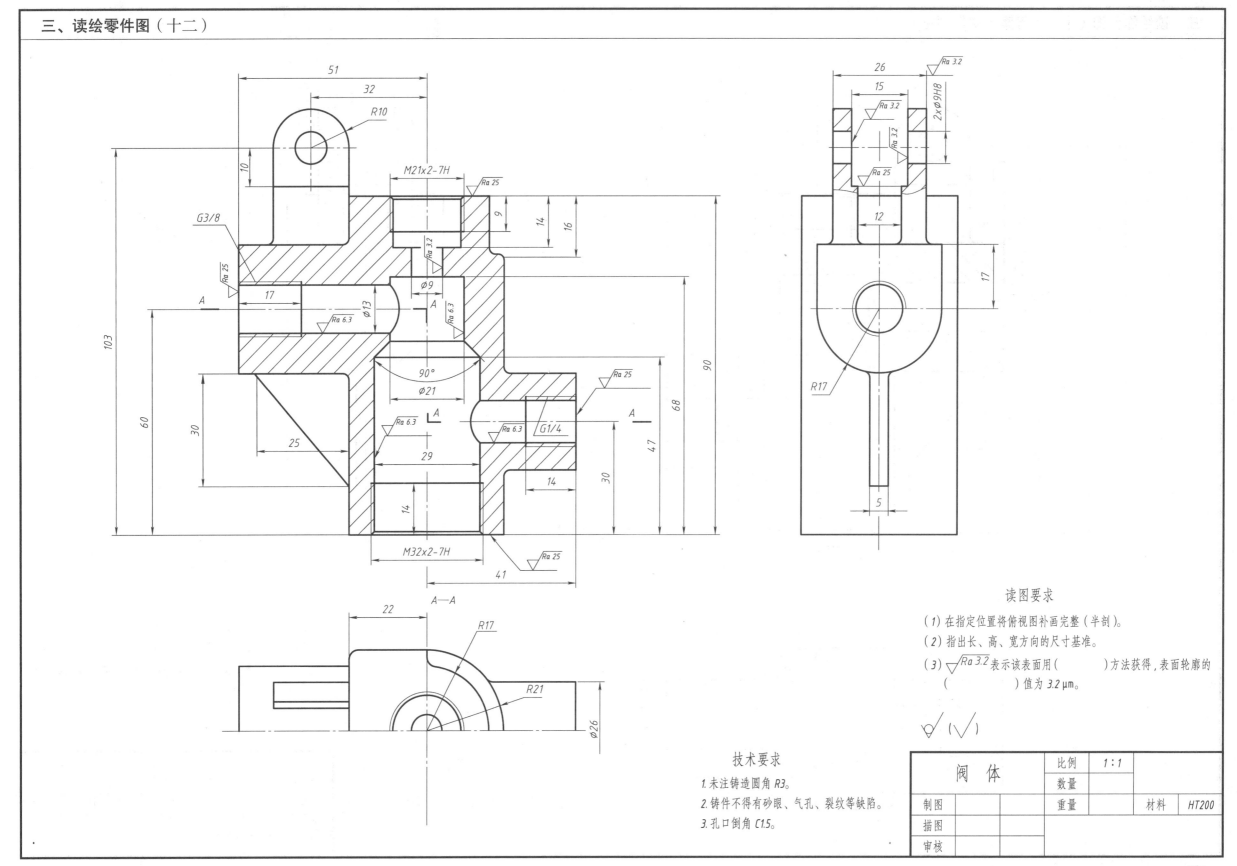

读图要求

（1）在指定位置将俯视图补画完整（半剖）。

（2）指出长、高、宽方向的尺寸基准。

（3） Ra 3.2 表示该表面用（　　　）方法获得，表面轮廓的
（　　　）值为 3.2 μm。

技术要求

1. 未注铸造圆角 R3。

2. 铸件不得有砂眼、气孔、裂纹等缺陷。

3. 孔口倒角 C1.5。

阀 体		比例	1:1
		数量	
制图		重量		材料	HT200
描图					
审核					

三、读绘零件图（十二）答案（实体图见 P106）

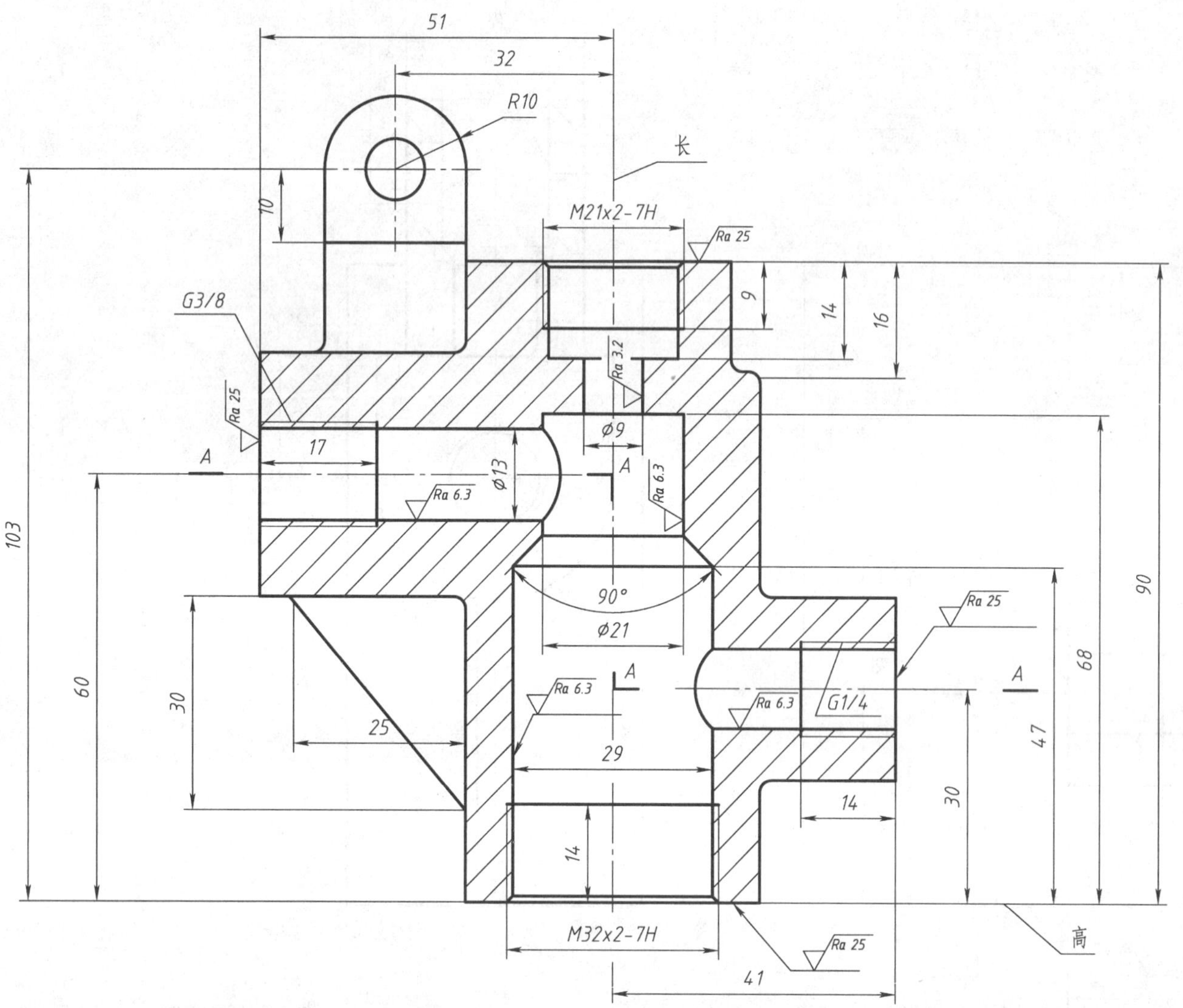

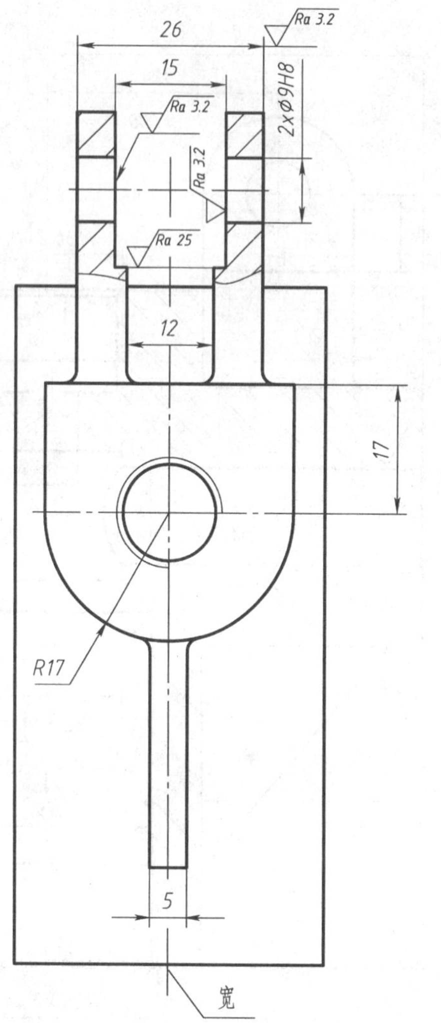

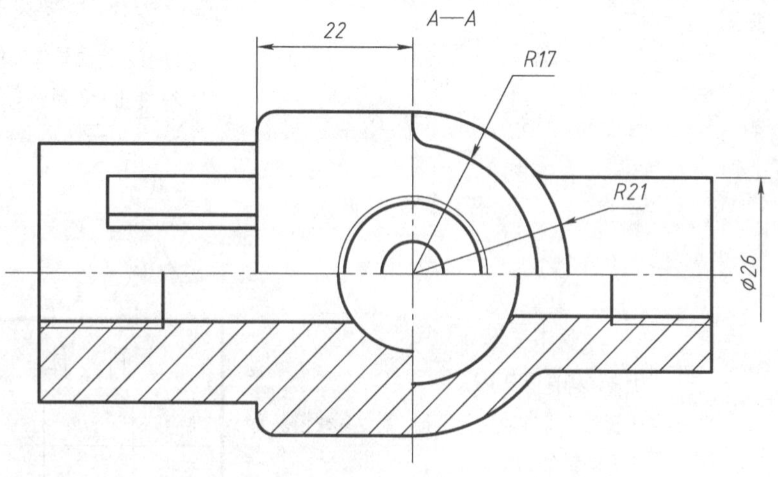

读图要求

（1）在指定位置将俯视图补画完整（半剖）。

（2）指出长、高、宽方向的尺寸基准。

（3）$\sqrt{Ra\,3.2}$ 表示该表面用（去除材料）方法获得，表面轮廓的（算术平均偏差）值为 $3.2\mu m$。

$\sqrt{}(\sqrt{})$

技术要求

1. 未注铸造圆角 R3。

2. 铸件不得有砂眼、气孔、裂纹等缺陷。

3. 孔口倒角 C1.5。

阀 体		比例	1:1		
		数量			
制图		重量		材料	HT200
描图					
审核					

· 36 ·

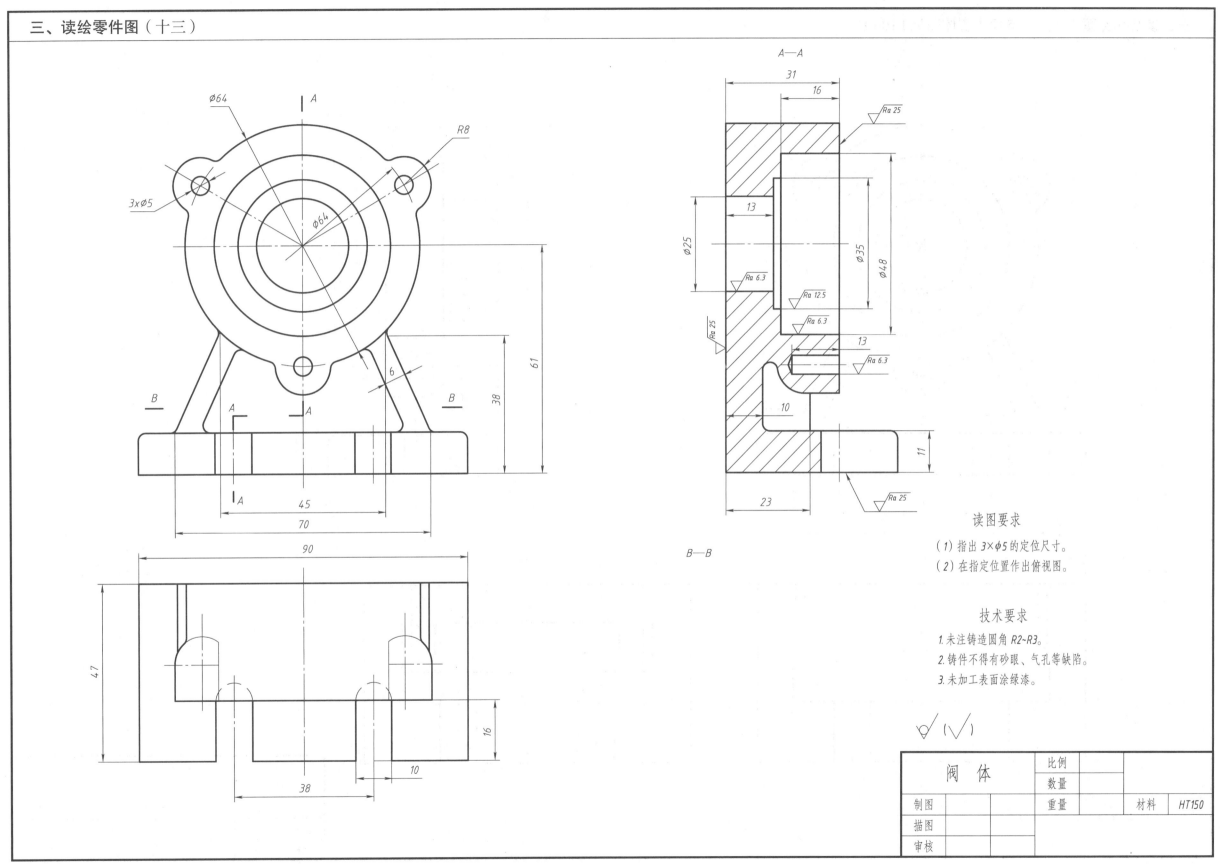

A—A

读图要求

（1）指出 3×φ5 的定位尺寸。

（2）在指定位置作出俯视图。

技术要求

1. 未注铸造圆角 R2~R3。

2. 铸件不得有砂眼、气孔等缺陷。

3. 未加工表面涂绿漆。

阀 体		比例			
		数量			
制图		重量		材料	HT150
描图					
审核					

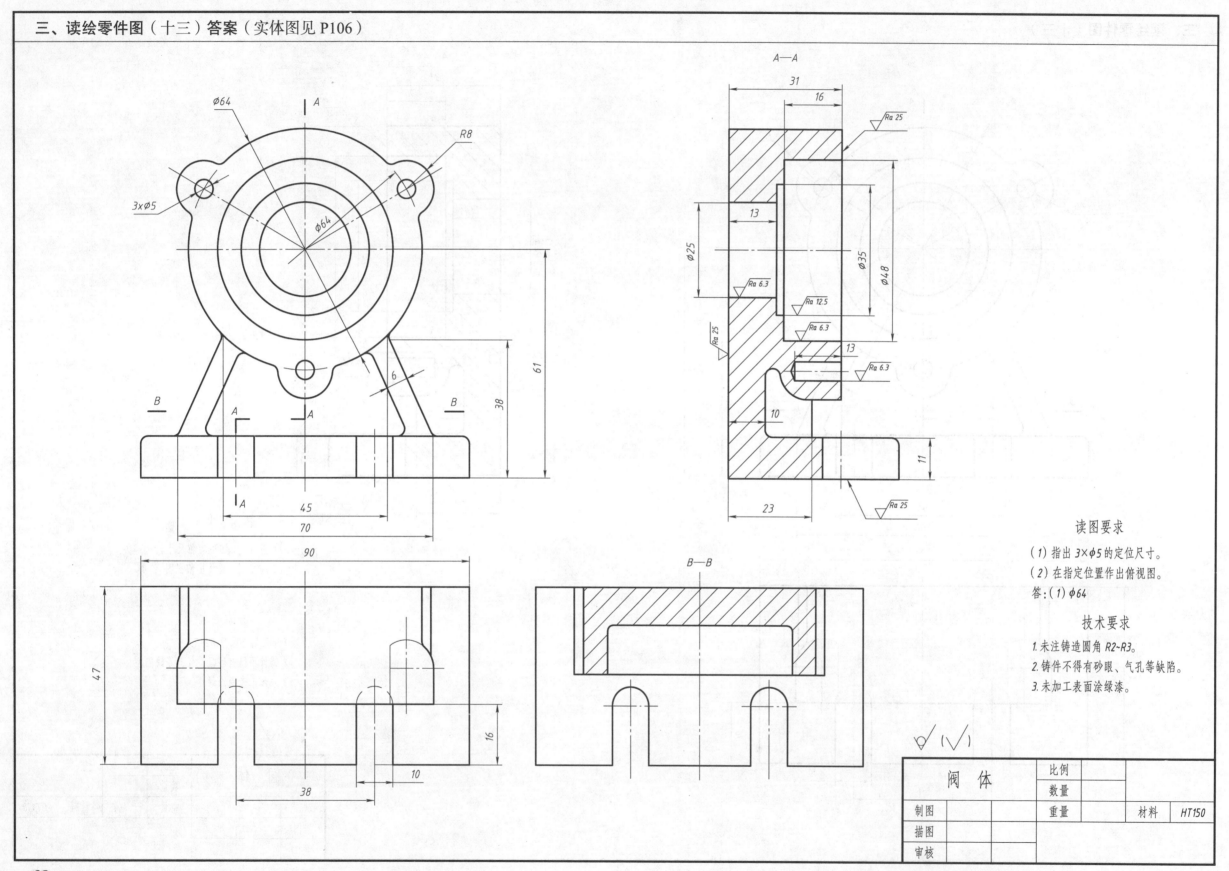

读图要求

（1）指出 3×φ5 的定位尺寸。

（2）在指定位置作出俯视图。

答：（1）φ64

技术要求

1. 未注铸造圆角 R2-R3。

2. 铸件不得有砂眼、气孔等缺陷。

3. 未加工表面涂绿漆。

阀 体		比例			
		数量			
制图		重量		材料	HT150
描图					
审核					

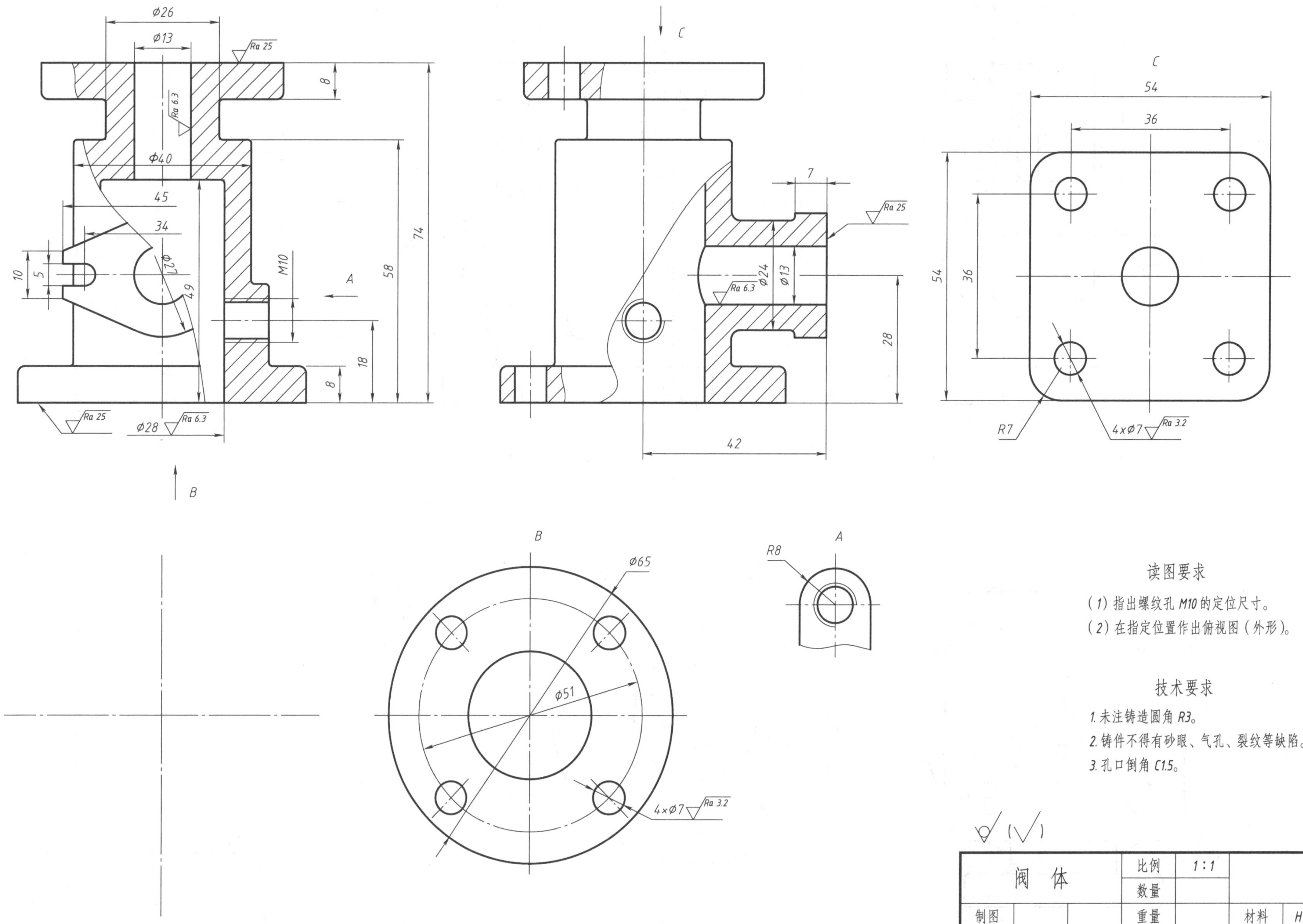

读图要求

（1）指出螺纹孔 M10 的定位尺寸。

（2）在指定位置作出俯视图（外形）。

技术要求

1. 未注铸造圆角 R3。

2. 铸件不得有砂眼、气孔、裂纹等缺陷。

3. 孔口倒角 C1.5。

阀　体		比例	1:1
		数量	
制图		重量	材料　HT200
描图			
审核			

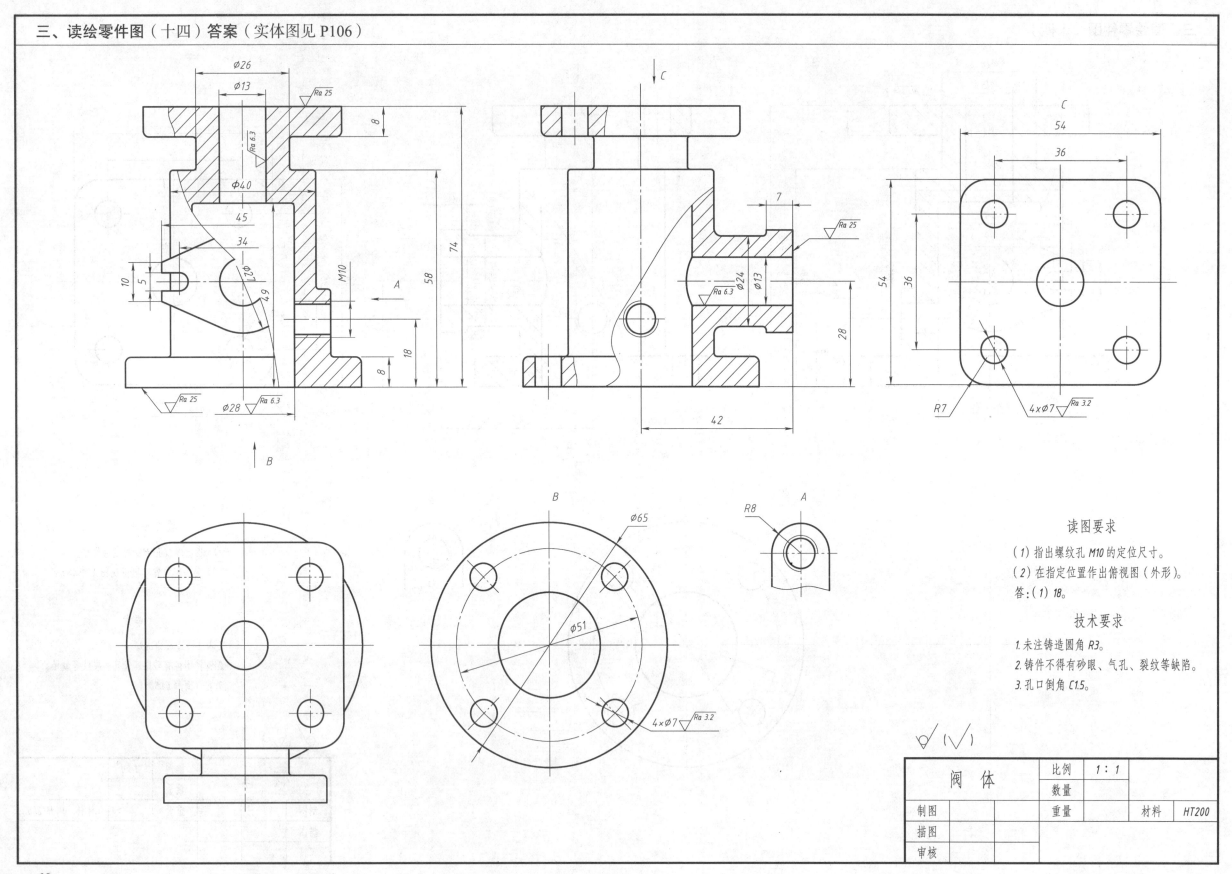

读图要求

（1）指出螺纹孔 M10 的定位尺寸。

（2）在指定位置作出俯视图（外形）。

答：（1）18。

技术要求

1. 未注铸造圆角 R3。

2. 铸件不得有砂眼、气孔、裂纹等缺陷。

3. 孔口倒角 C1.5。

阀 体		比例	1：1		
		数量			
制图		重量		材料	HT200
描图					
审核					

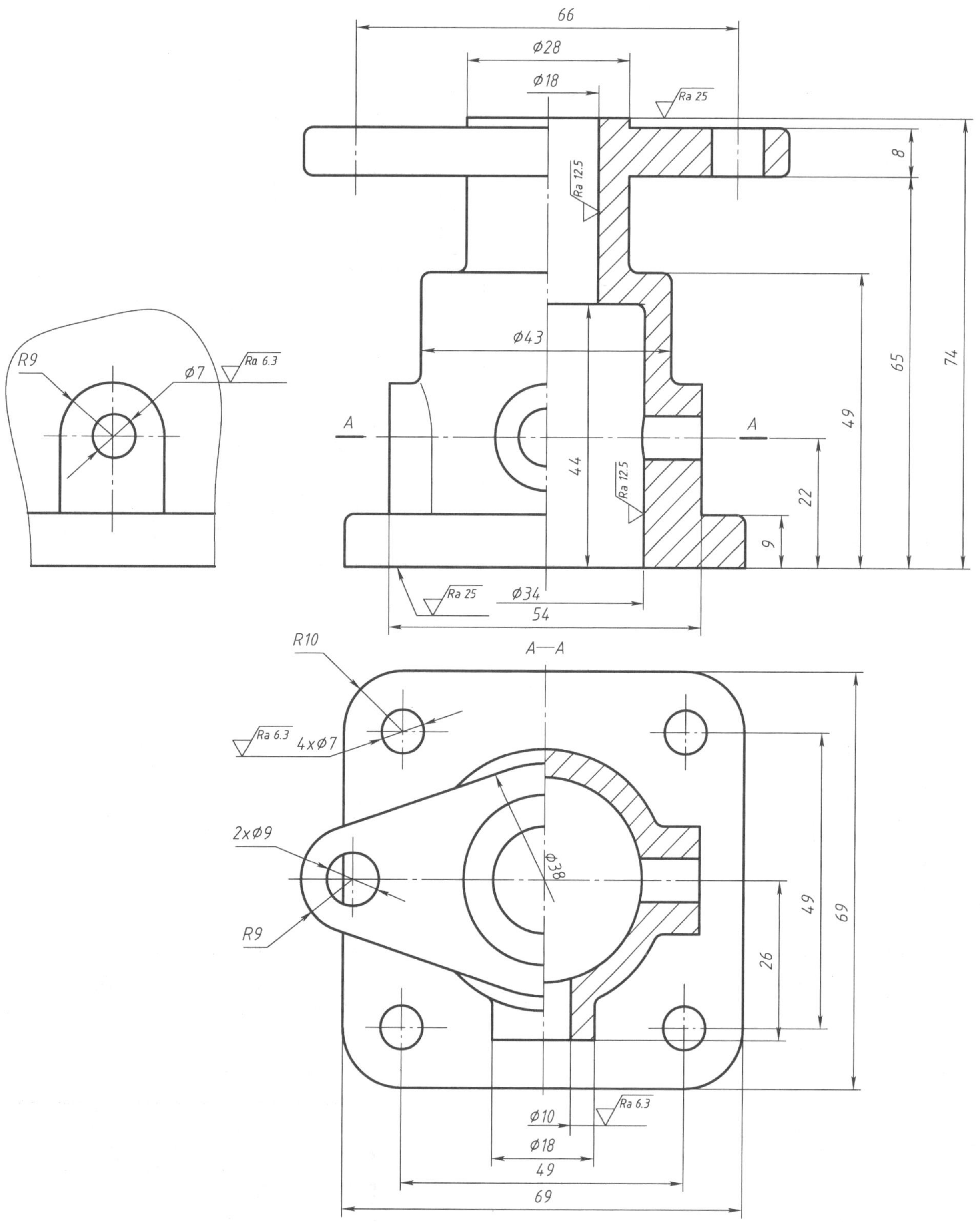

三、读绘零件图（十五）

R9
Ø7
Ra 6.3

66
Ø28
Ø18
Ra 25
8
Ra 12.5
Ø43
65
74
49
A
A
44
Ra 12.5
22
9
Ra 25
Ø34
54

A—A

R10
Ra 6.3
4×Ø7
2×Ø9
Ø38
R9
49
69
69
26
Ø10
Ø18
Ra 6.3
49
69

读图要求

（1）在指定位置作左视图（外形）。
（2）在图中注出各个方向的主要尺寸基准。

技术要求

1. 未注铸造圆角 R2~R3。
2. 铸件不得有砂眼、气孔等缺陷。
3. 未加工表面涂绿漆。

（√）

阀 体	比例	1:1		
	数量			
制图		重量		材料 HT200
描图				
审核				

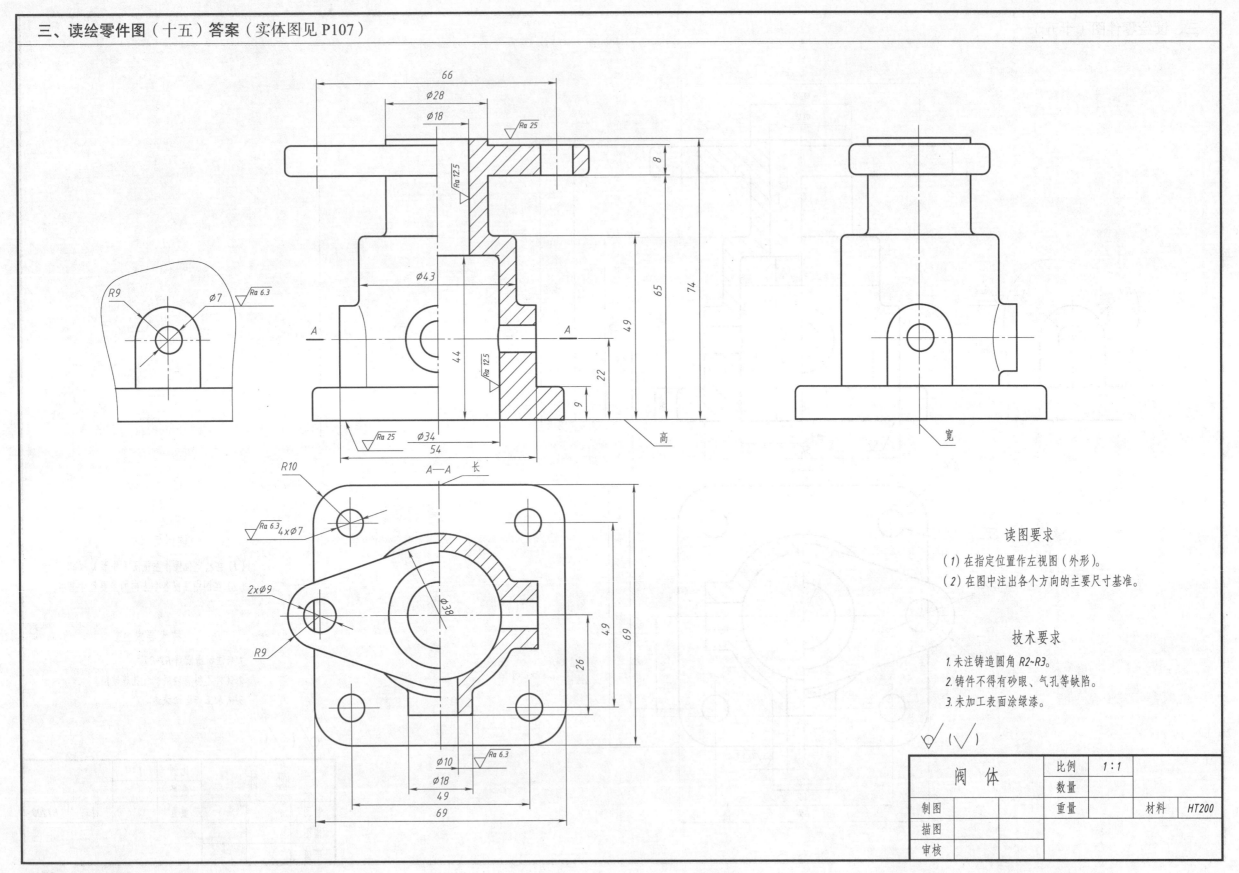

读图要求

（1）在指定位置作左视图（外形）。

（2）在图中注出各个方向的主要尺寸基准。

技术要求

1. 未注铸造圆角 R2~R3。

2. 铸件不得有砂眼、气孔等缺陷。

3. 未加工表面涂绿漆。

阀　体	比例	1:1		
	数量			
制图		重量		材料
描图				HT200
审核				

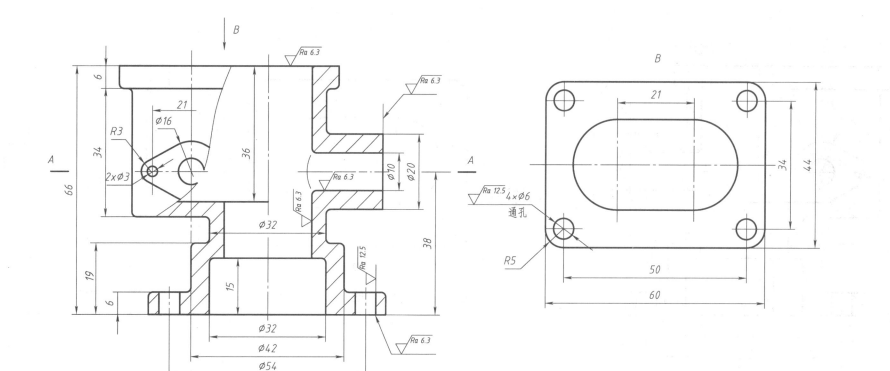

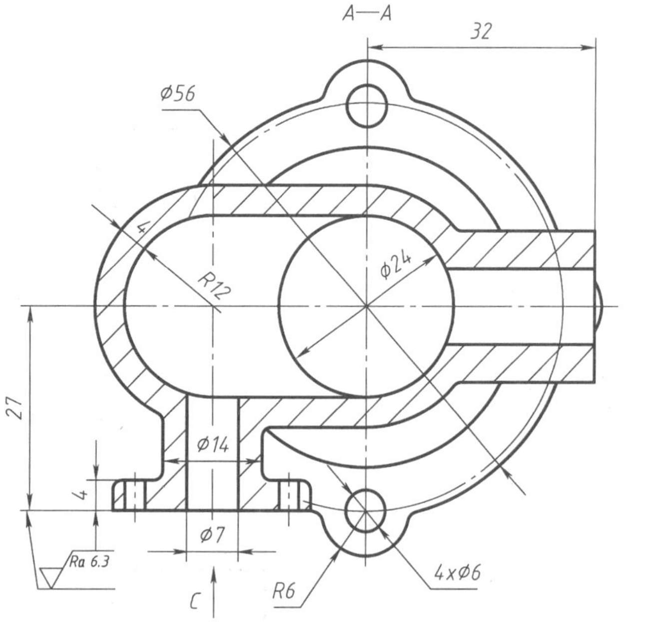

读图要求

（1）在指定位置作左视图（外形）。

（2）在图中注出各个方向的主要尺寸基准。

技术要求

1. 未注铸造圆角 R2-R3。

2. 铸件不得有砂眼、气孔等缺陷。

3. 未加工表面涂绿漆。

底 座		比例	1:1		
		数量			
制图		重量		材料	HT150
描图					
审核					

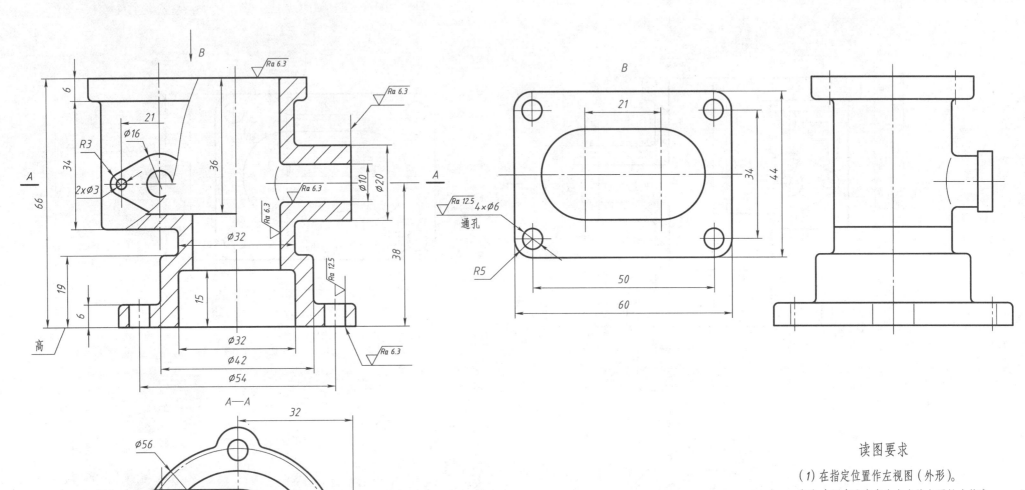

读图要求

（1）在指定位置作左视图（外形）。

（2）在图中注出各个方向的主要尺寸基准。

技术要求

1. 未注铸造圆角 R2~R3。

2. 铸件不得有砂眼、气孔等缺陷。

3. 未加工表面涂绿漆。

底　座		比例	1：1
		数量	
制图		重量	
描图			材料 HT150
审核			

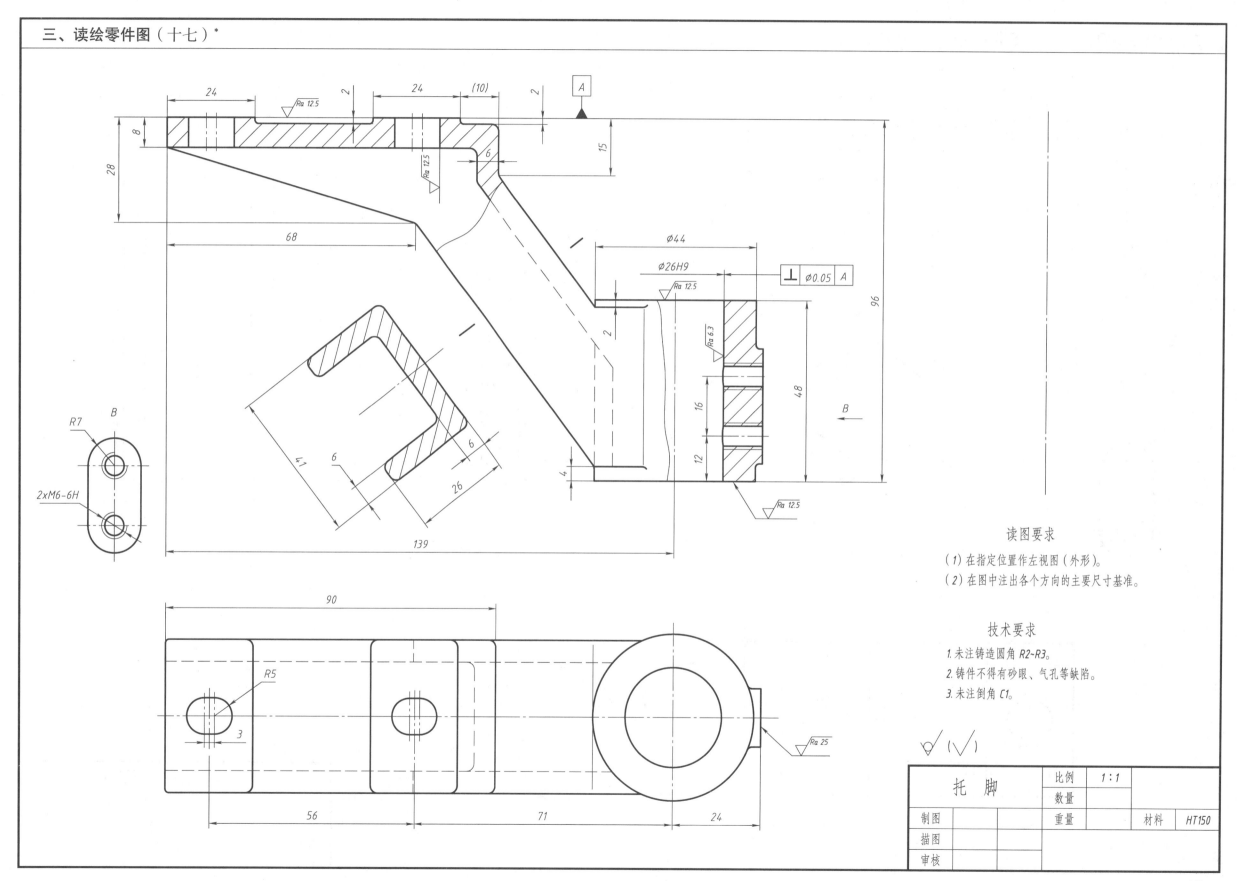

读图要求

（1）在指定位置作左视图（外形）。

（2）在图中注出各个方向的主要尺寸基准。

技术要求

1. 未注铸造圆角 R2~R3。

2. 铸件不得有砂眼、气孔等缺陷。

3. 未注倒角 C1。

托 脚		比 例	1 : 1
		数 量	
制图		重 量	
描图			材料
审核			HT150

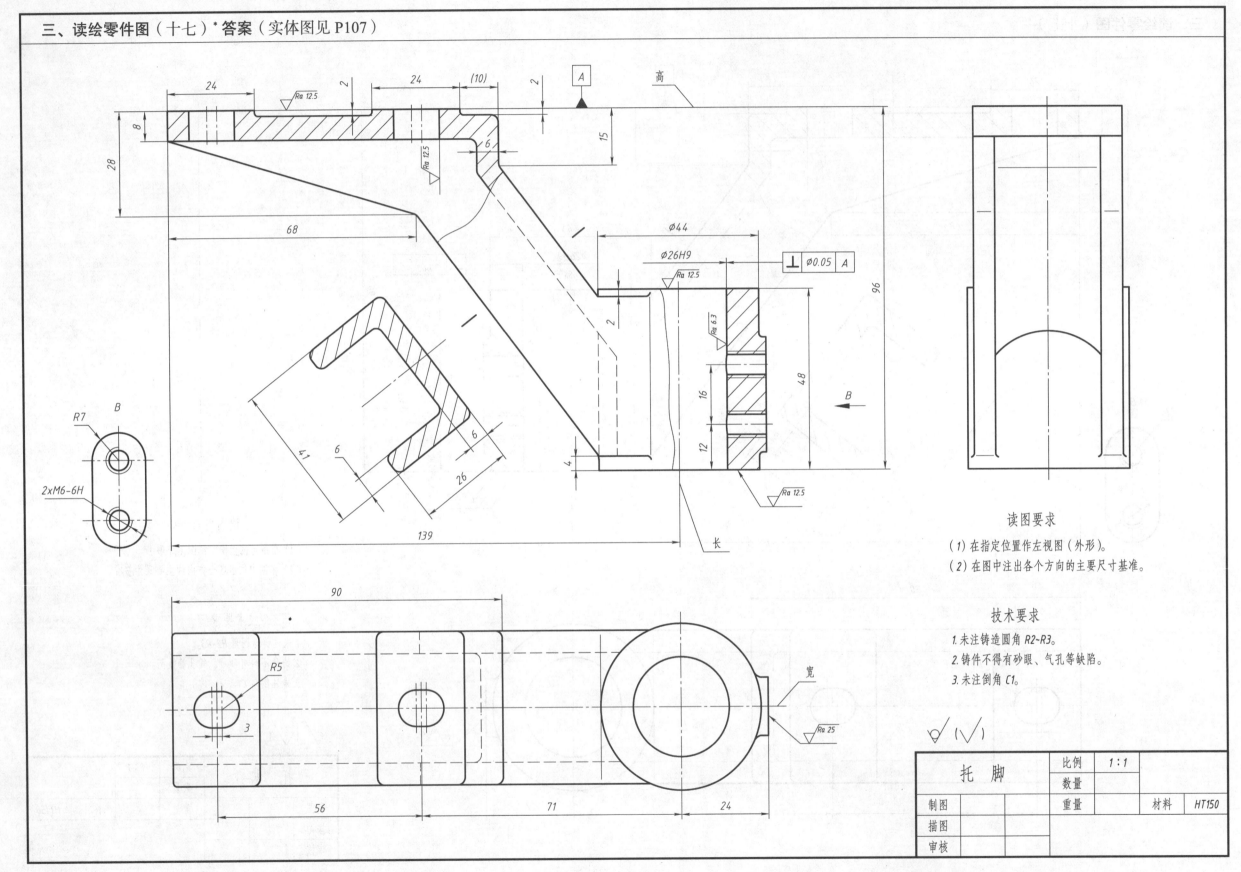

读图要求

（1）在指定位置作左视图（外形）。

（2）在图中注出各个方向的主要尺寸基准。

技术要求

1. 未注铸造圆角 R2~R3。

2. 铸件不得有砂眼、气孔等缺陷。

3. 未注倒角 C1。

托 脚	比例	1:1		
	数量			
制图		重量	材料	HT150
描图				
审核				

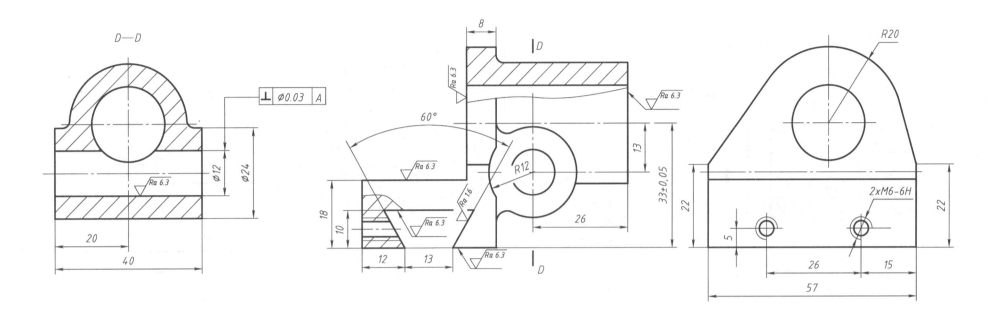

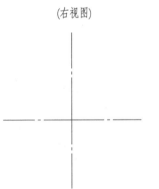

(右视图)

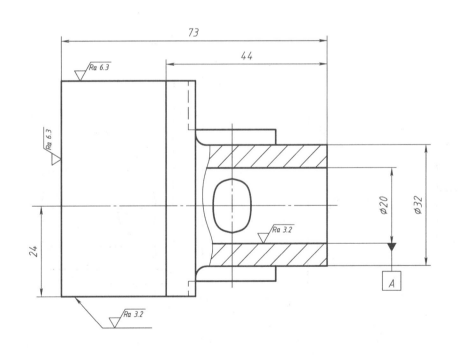

读图要求

（1）在指定位置作右视图（外形）。

（2）在图中注出各个方向的主要尺寸基准。

技术要求

1. 未注铸造圆角 R2~R3。

2. 铸件不得有砂眼、气孔等缺陷。

3. 未加工表面涂绿漆。

拖 板		比例	1:1
		数量	
制图		重量		材料	HT150
描图					
审核					

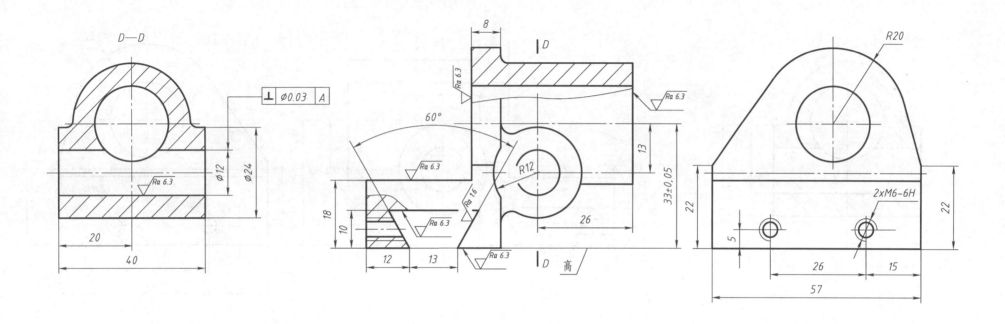

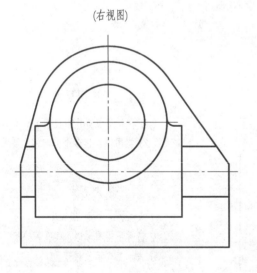

(右视图)

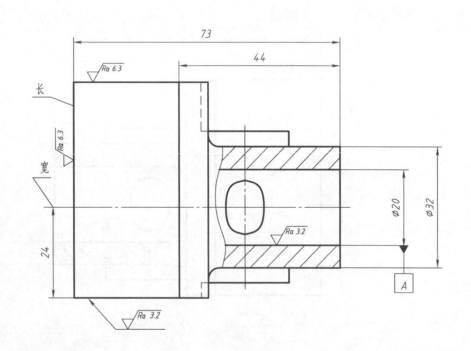

读图要求

（1）在指定位置作右视图（外形）。

（2）在图中注出各个方向的主要尺寸基准。

技术要求

1. 未注铸造圆角 R2~R3。
2. 铸件不得有砂眼、气孔等缺陷。
3. 未加工表面涂绿漆。

拖 板		比例	1:1		
		数量			
制图		重量		材料	HT150
描图					
审核					

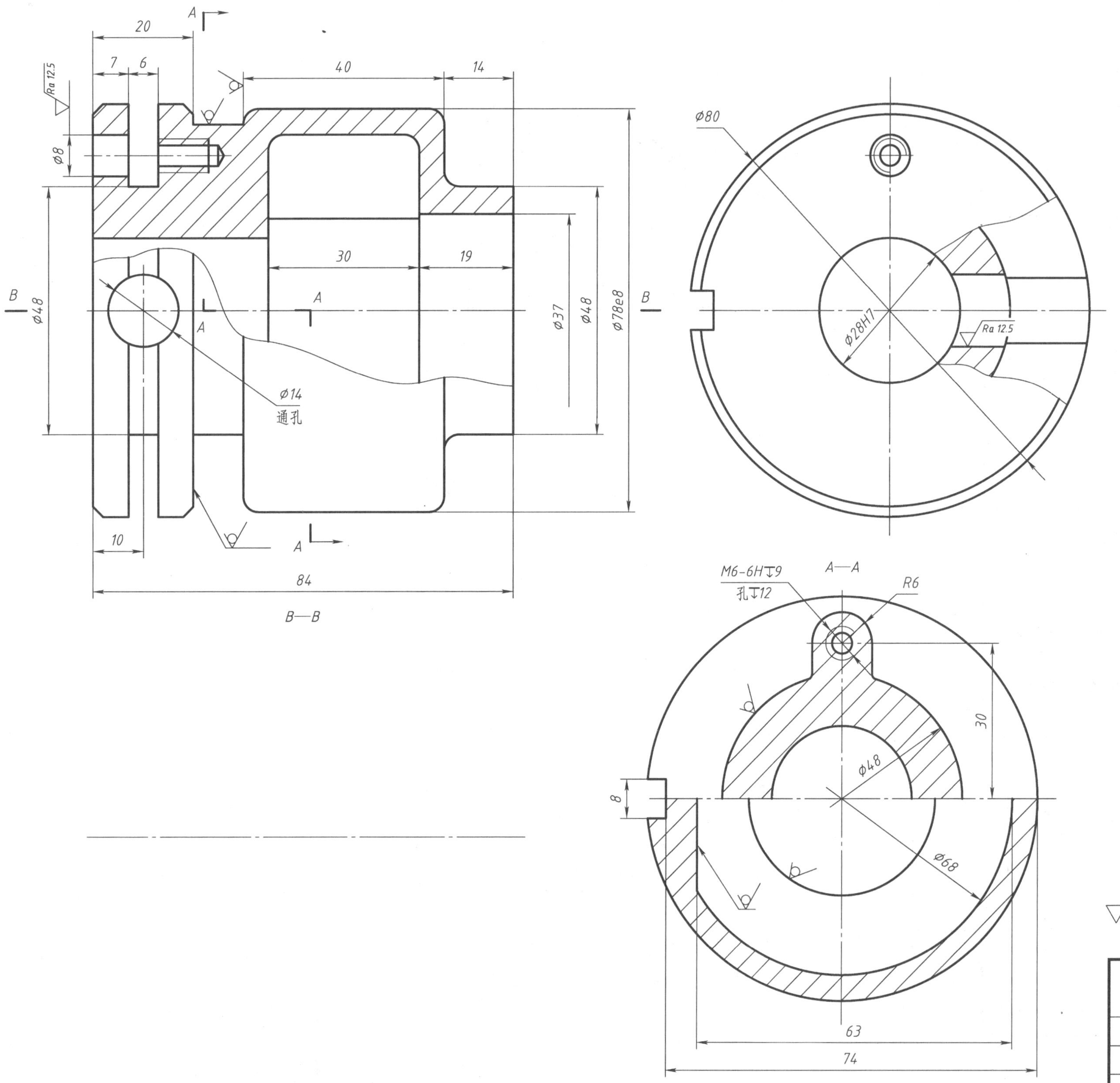

三、读绘零件图（十九）

20
7 6
Ra 12.5
∅8
40
14
30
19
∅37
∅48
∅78e8
B
∅48
A
A
∅14
通孔
10
A
84
B—B

∅80
∅28H7
Ra 12.5

M6-6H⫣9
孔⫣12
A—A
R6
30
8
∅48
∅68
63
74

读图要求

（1）在指定位置作 B—B 剖视图。
（2）在图中注出各个方向的主要尺寸基准。

技术要求

1. 未注铸造圆角 R2~R3。
2. 铸件不得有砂眼、气孔等缺陷。
3. 未注倒角 C1。

√Ra 6.3 (√)

套 筒	比例	1:1		
	数量			
制图		重量		材料	HT150
描图				
审核				

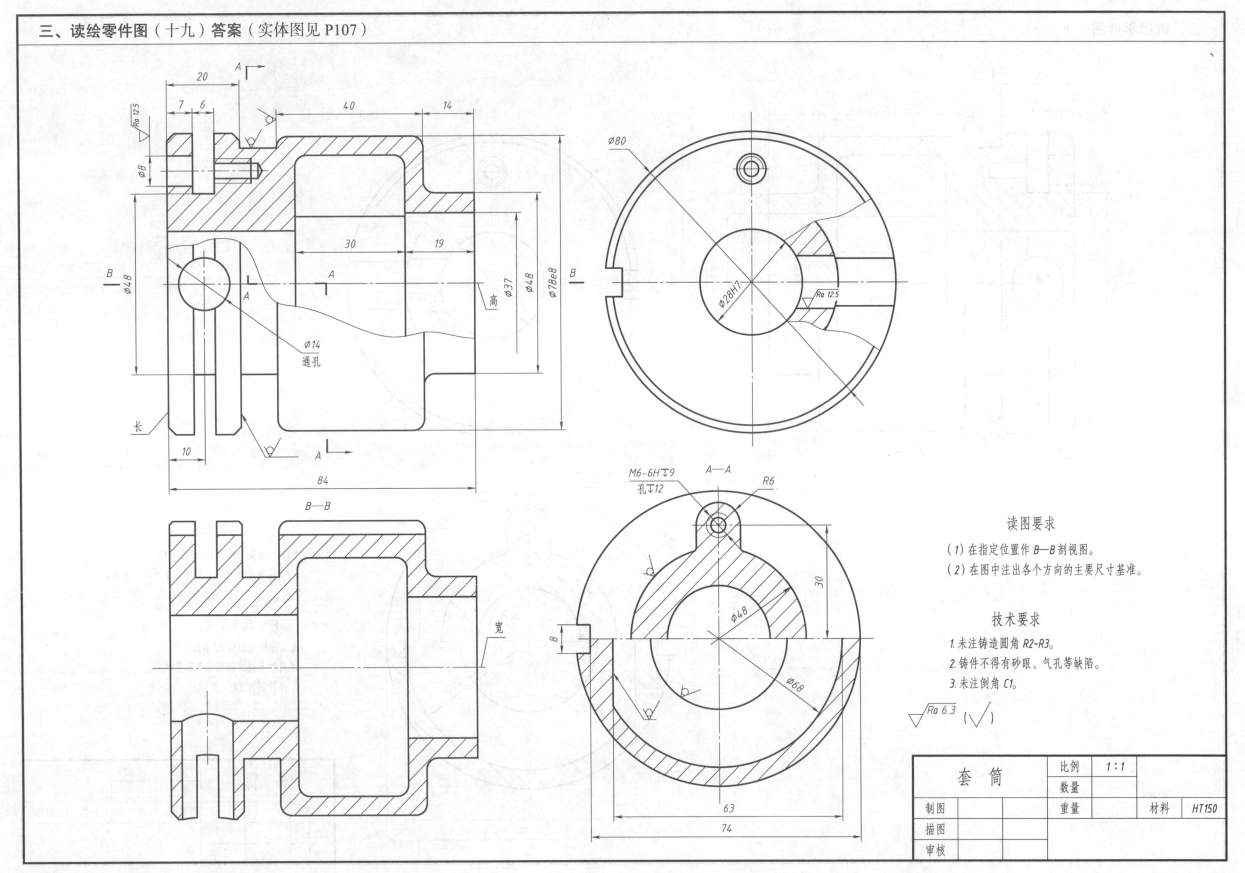

读图要求

（1）在指定位置作 B—B 剖视图。

（2）在图中注出各个方向的主要尺寸基准。

技术要求

1. 未注铸造圆角 R2~R3。
2. 铸件不得有砂眼、气孔等缺陷。
3. 未注倒角 C1。

套 筒		比例	1:1	
		数量		
制图		重量		材料
描图				HT150
审核				

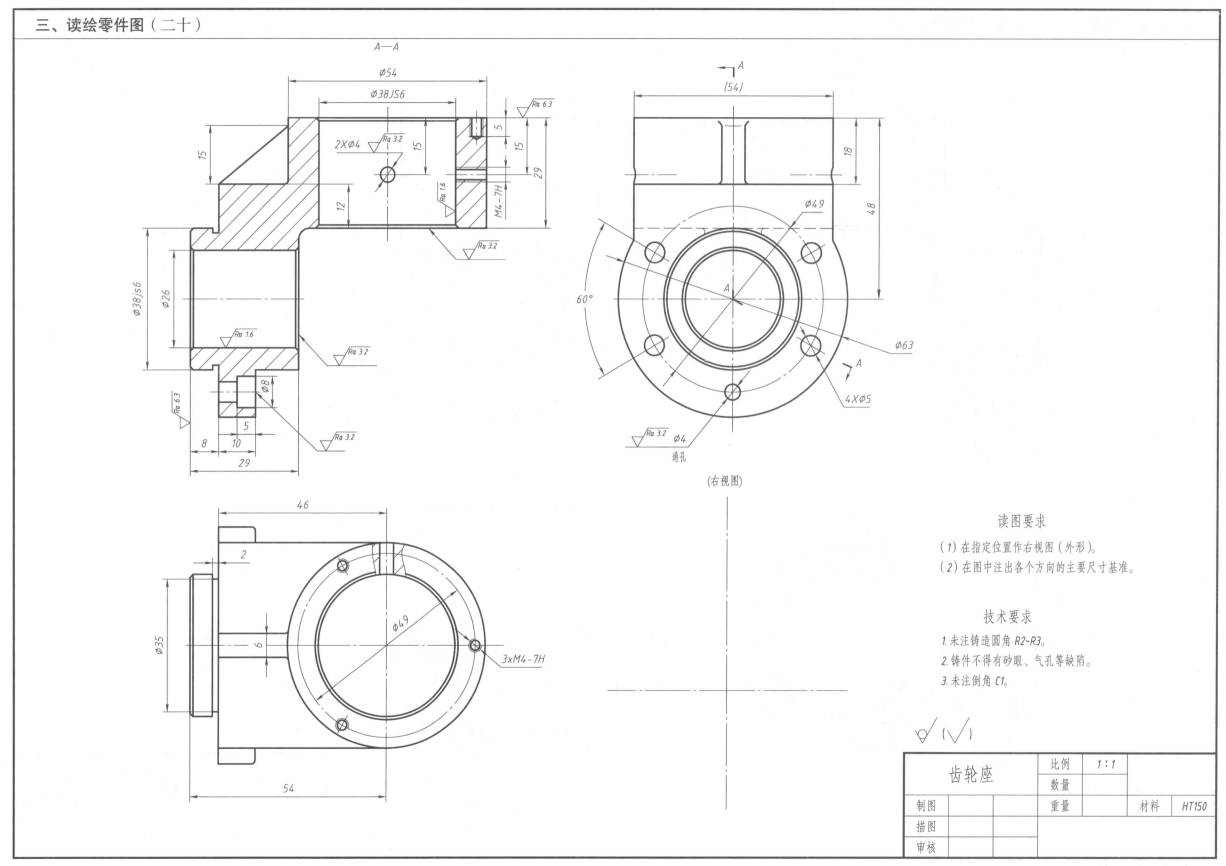

A—A

Ø54

Ø38JS6

2XØ4   Ra 3.2

Ra 6.3

Ra 1.6

15

15

12

29

5

15

M4-7H

Ra 3.2

Ra 3.2

Ø38js6

Ø26

Ra 1.6

Ra 6.3

Ø8

5

8   10

29

46

2

Ø35

6

Ø49

3xM4-7H

54

A

(54)

18

48

Ø49

60°

A

Ø63

4XØ5

Ra 3.2   Ø4

通孔

(右视图)

读图要求

（1）在指定位置作右视图（外形）。

（2）在图中注出各个方向的主要尺寸基准。

技术要求

1. 未注铸造圆角 R2~R3。

2. 铸件不得有砂眼、气孔等缺陷。

3. 未注倒角 C1。

齿轮座

	比例	1:1		
	数量			
制图		重量		材料 HT150
描图				
审核				

· 51 ·

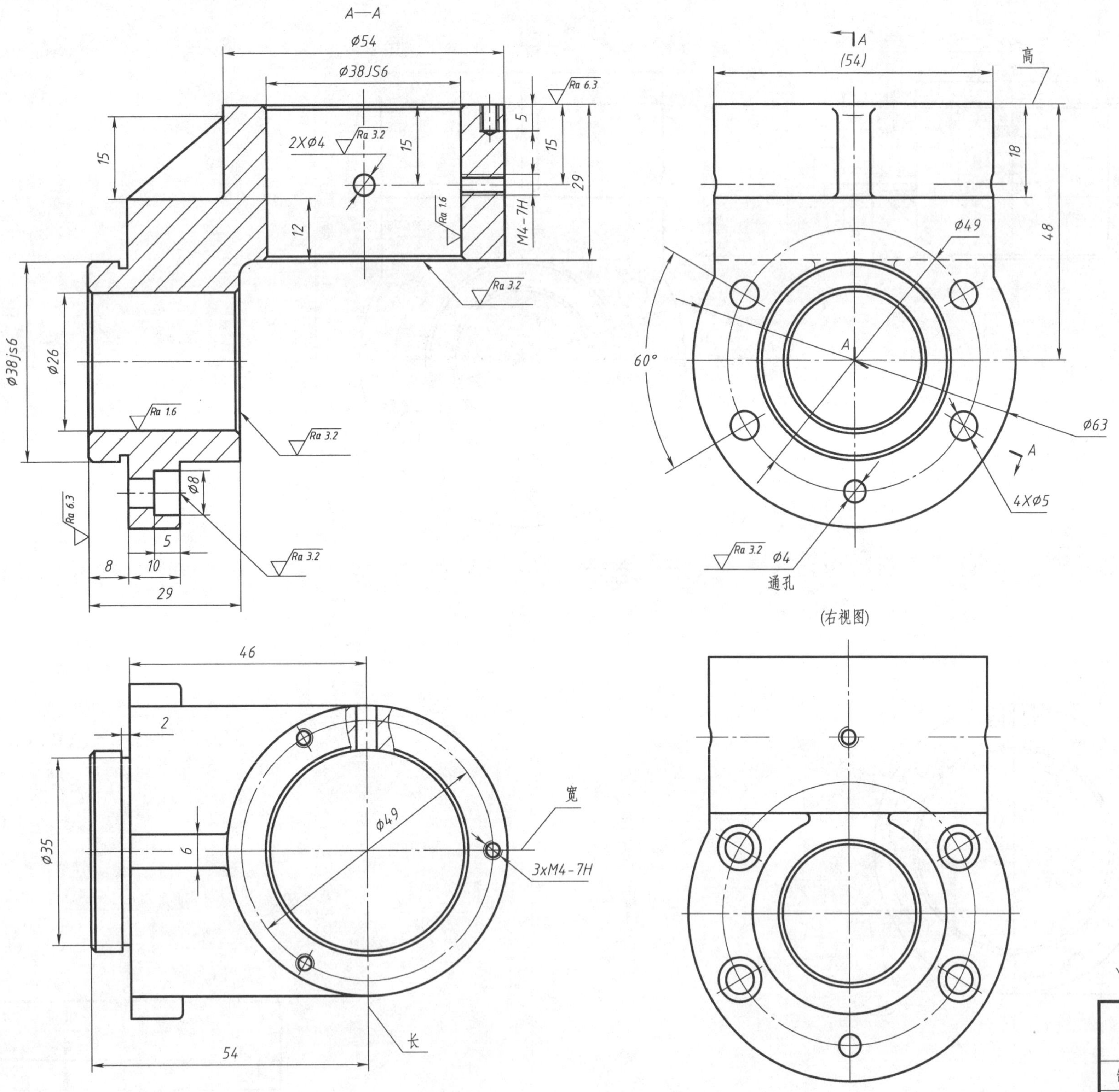

A—A

⌀54

⌀38JS6

Ra 6.3

2X⌀4　Ra 3.2

Ra 1.6

15

15

29

5

15

Ra 3.2

M4-7H

12

⌀38js6

⌀26

Ra 1.6

Ra 3.2

Ra 3.2

⌀8

Ra 6.3

5

8　10

Ra 3.2

29

A
(54)

高

18

⌀49

60°

A

48

⌀63

4X⌀5

Ra 3.2　⌀4

通孔

(右视图)

46

2

⌀35

⌀49

6

3xM4-7H

宽

54

长

读图要求

（1）在指定位置作右视图（外形）。

（2）在图中注出各个方向的主要尺寸基准。

技术要求

1. 未注铸造圆角 R2~R3。

2. 铸件不得有砂眼、气孔等缺陷。

3. 未注倒角 C1。

√（√）

齿轮座		比例	1：1		
		数量			
制图		重量		材料	HT150
描图					
审核					

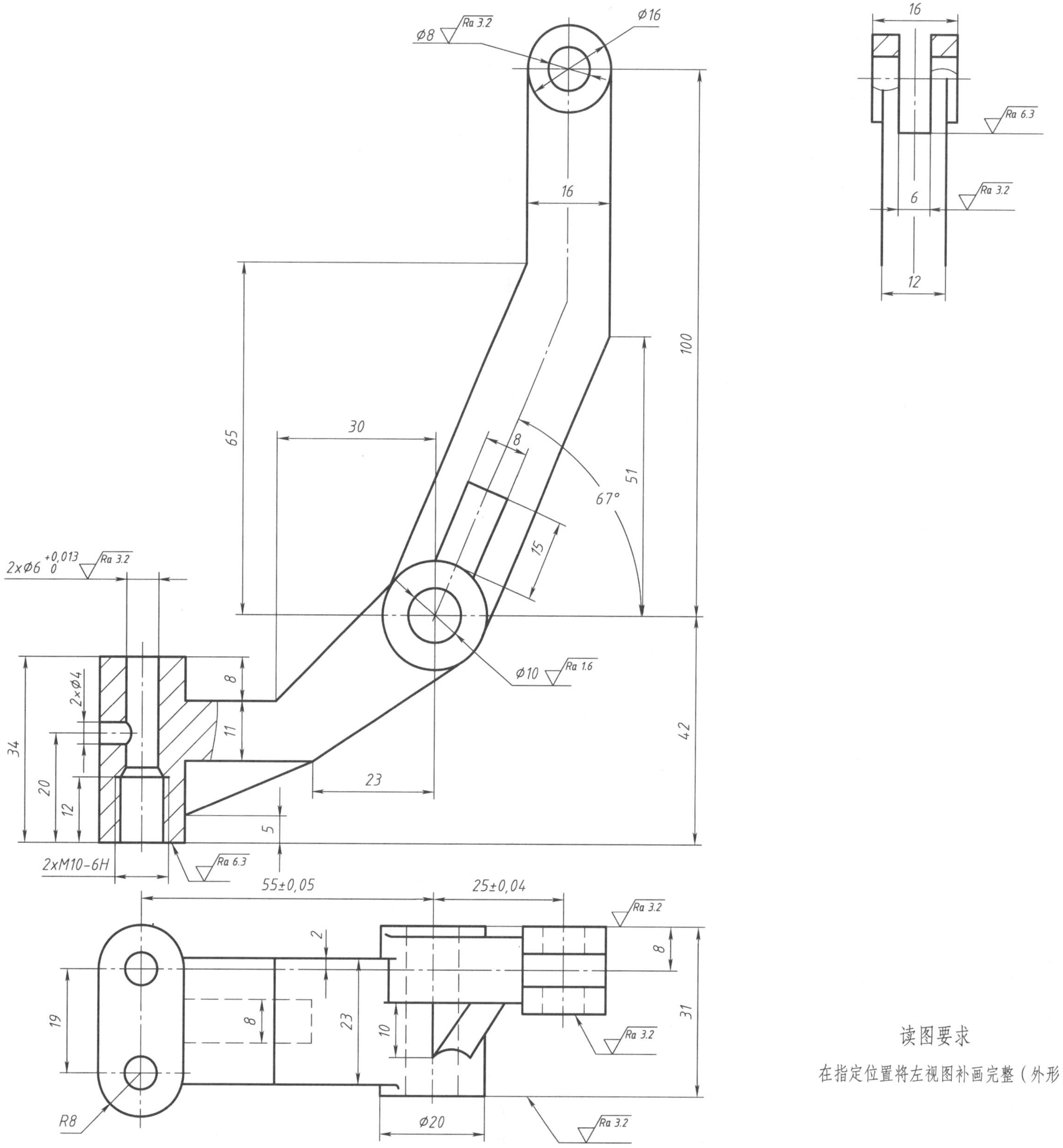

技术要求

1. 未注铸造圆角 R2~R3。
2. 铸件不得有砂眼、气孔等缺陷。
3. 未注倒角 C1。

读图要求

在指定位置将左视图补画完整（外形）。

摇　杆		比例	1：1		
		数量			
制图			重量	材料	HT150
描图					
审核					

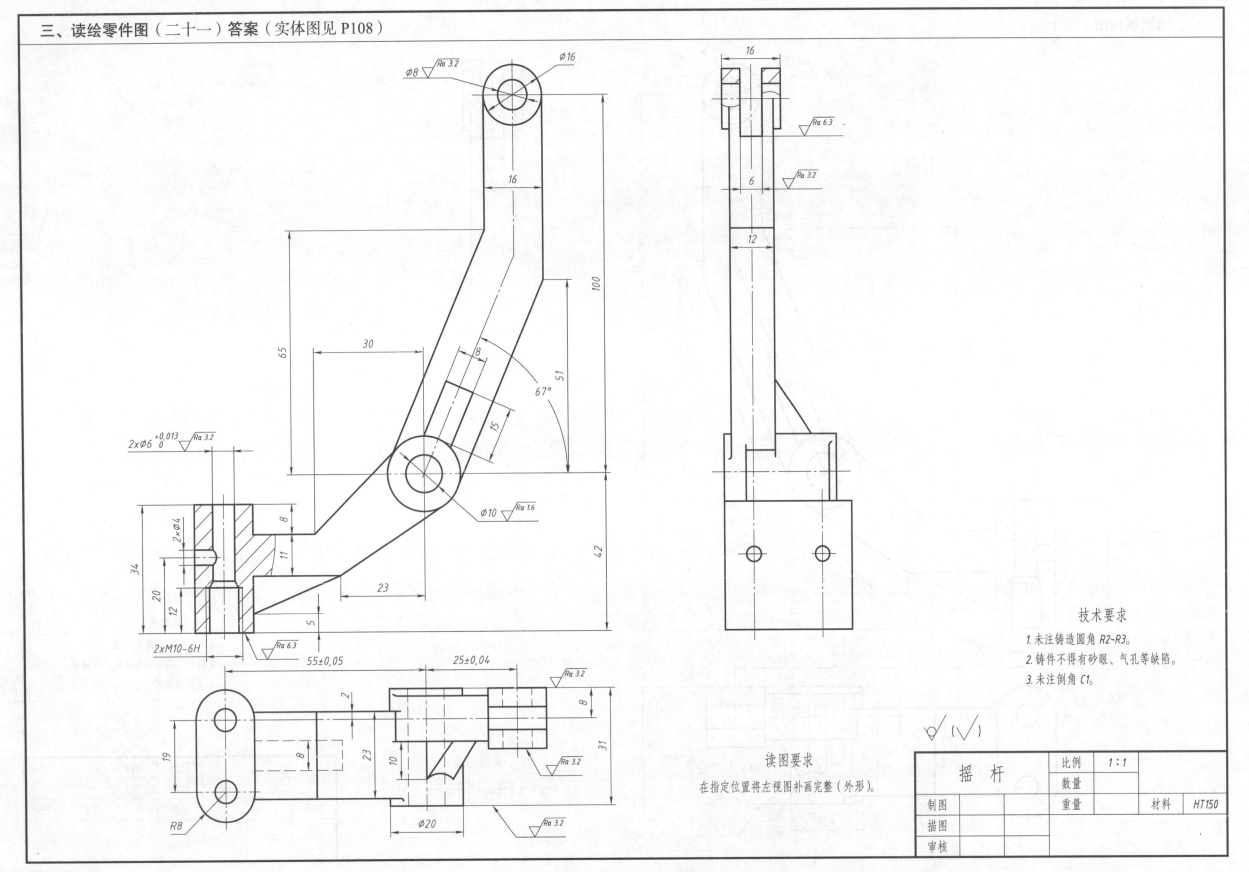

技术要求

1. 未注铸造圆角 R2~R3。

2. 铸件不得有砂眼、气孔等缺陷。

3. 未注倒角 C1。

读图要求

在指定位置将左视图补画完整（外形）。

摇 杆	比例	1：1
	数量	
制图		重量	材料	HT150
描图			
审核			

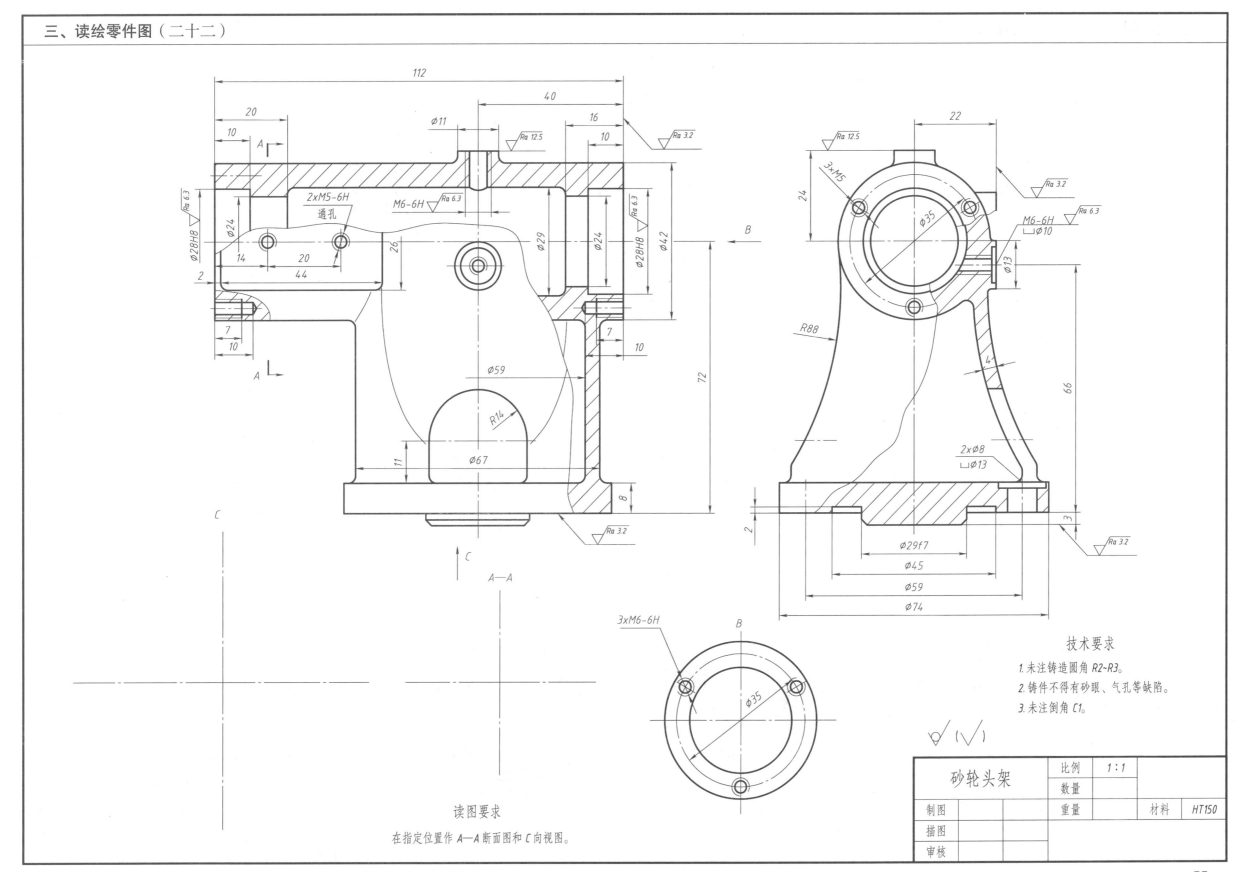

砂轮头架

读图要求

在指定位置作 A—A 断面图和 C 向视图。

技术要求

1. 未注铸造圆角 R2-R3。
2. 铸件不得有砂眼、气孔等缺陷。
3. 未注倒角 C1。

砂轮头架		比例	1:1		
		数量			
制图		重量		材料	HT150
描图					
审核					

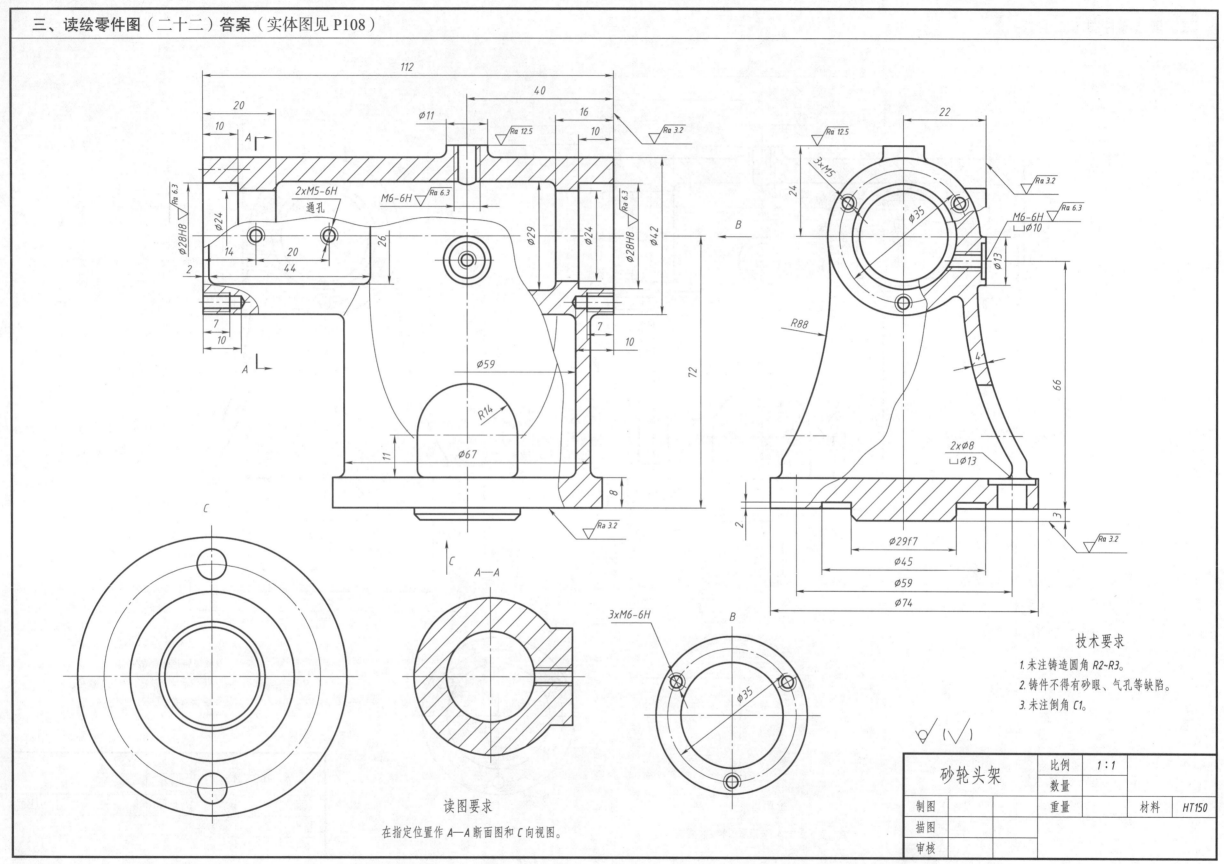

技术要求

1. 未注铸造圆角 R2~R3。

2. 铸件不得有砂眼、气孔等缺陷。

3. 未注倒角 C1。

读图要求

在指定位置作 A—A 断面图和 C 向视图。

砂轮头架		比例	1：1	
		数量		
制图		重量		
描图				材料 HT150
审核				

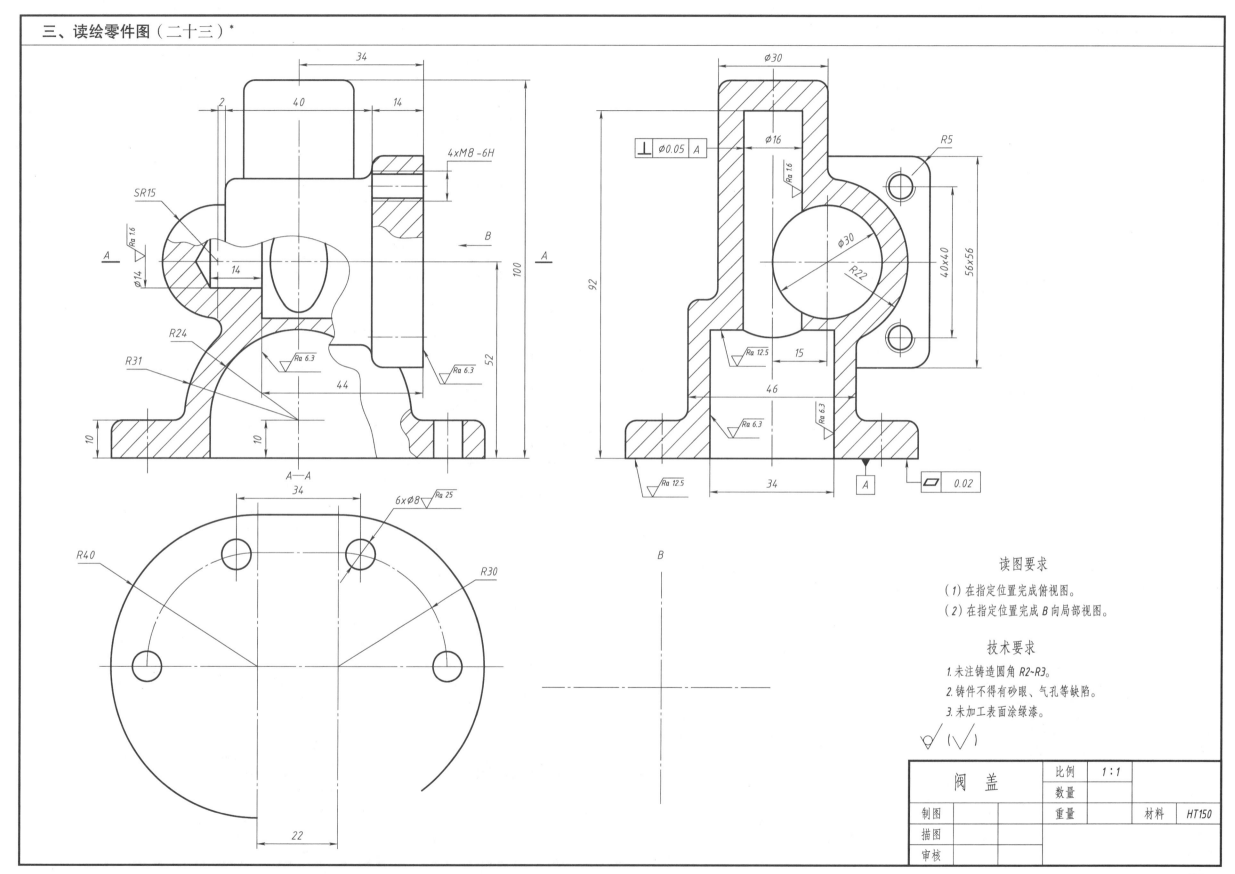

读图要求
（1）在指定位置完成俯视图。
（2）在指定位置完成 B 向局部视图。

技术要求
1. 未注铸造圆角 R2~R3。
2. 铸件不得有砂眼、气孔等缺陷。
3. 未加工表面涂绿漆。

阀 盖	比例	1：1		
	数量			
制图		重量		材料 HT150
描图				
审核				

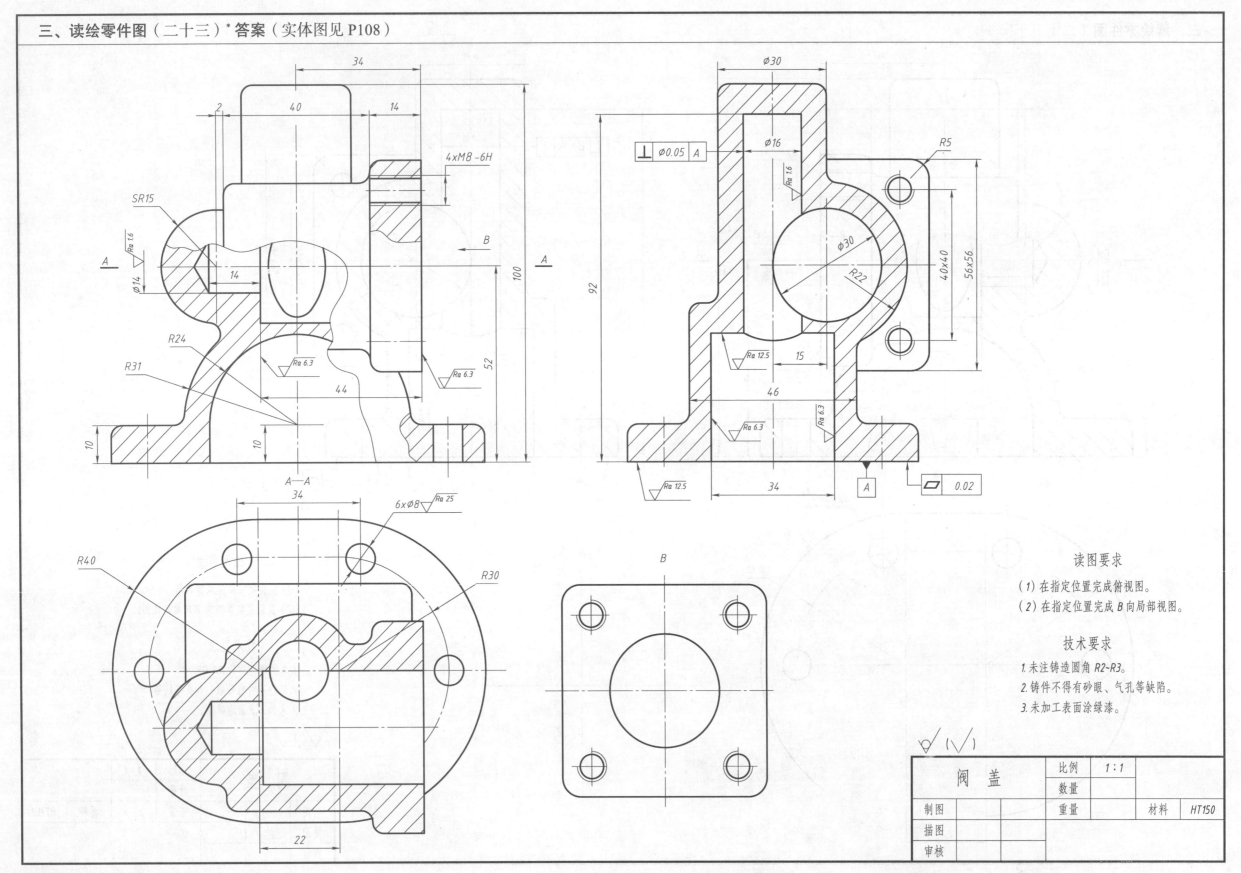

读图要求

（1）在指定位置完成俯视图。

（2）在指定位置完成 B 向局部视图。

技术要求

1. 未注铸造圆角 R2~R3。

2. 铸件不得有砂眼、气孔等缺陷。

3. 未加工表面涂绿漆。

阀 盖	比例	1:1	
	数量		
制图	重量		材料	HT150
描图			
审核			

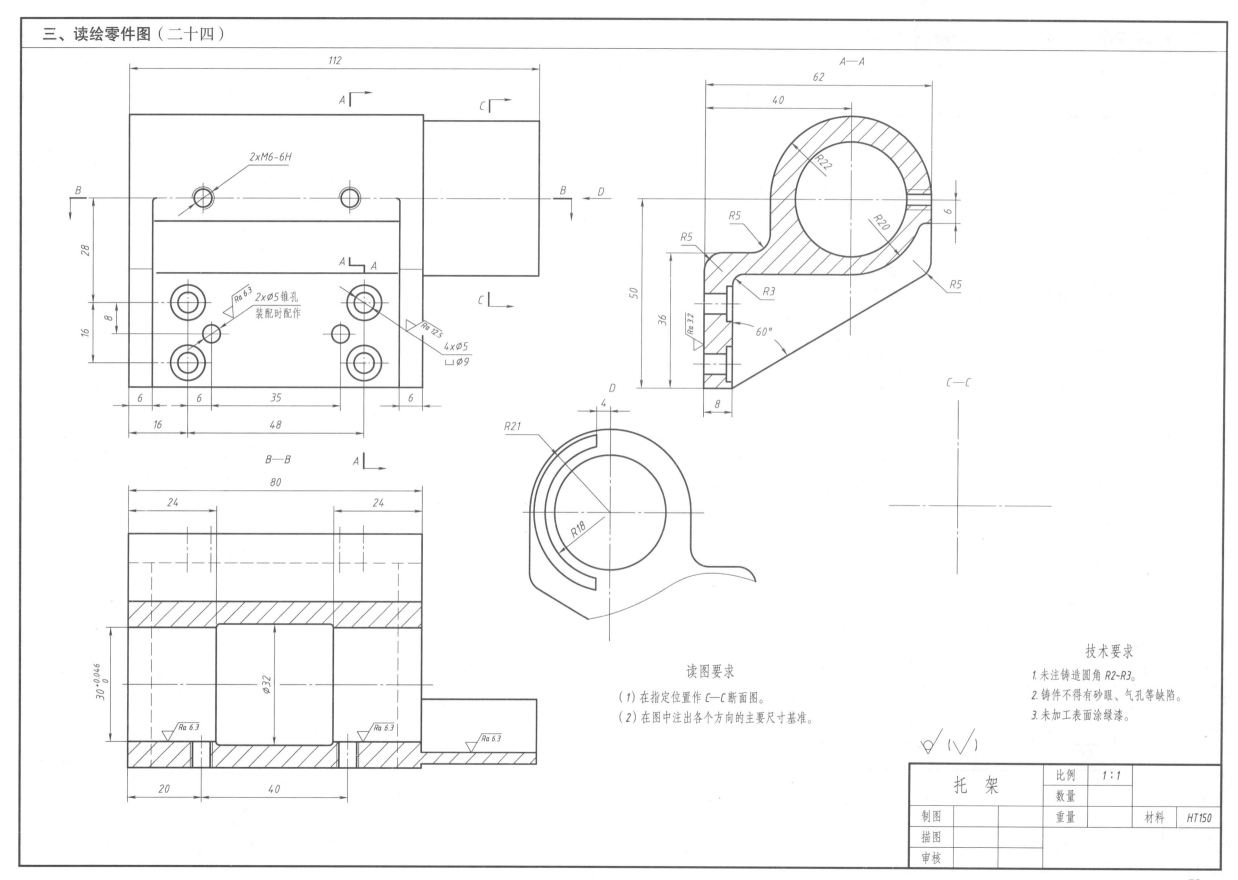

读图要求

（1）在指定位置作 C—C 断面图。

（2）在图中注出各个方向的主要尺寸基准。

技术要求

1. 未注铸造圆角 R2-R3。

2. 铸件不得有砂眼、气孔等缺陷。

3. 未加工表面涂绿漆。

托 架		比例	1:1
		数量	
制图		重量	
描图			材料	HT150
审核				

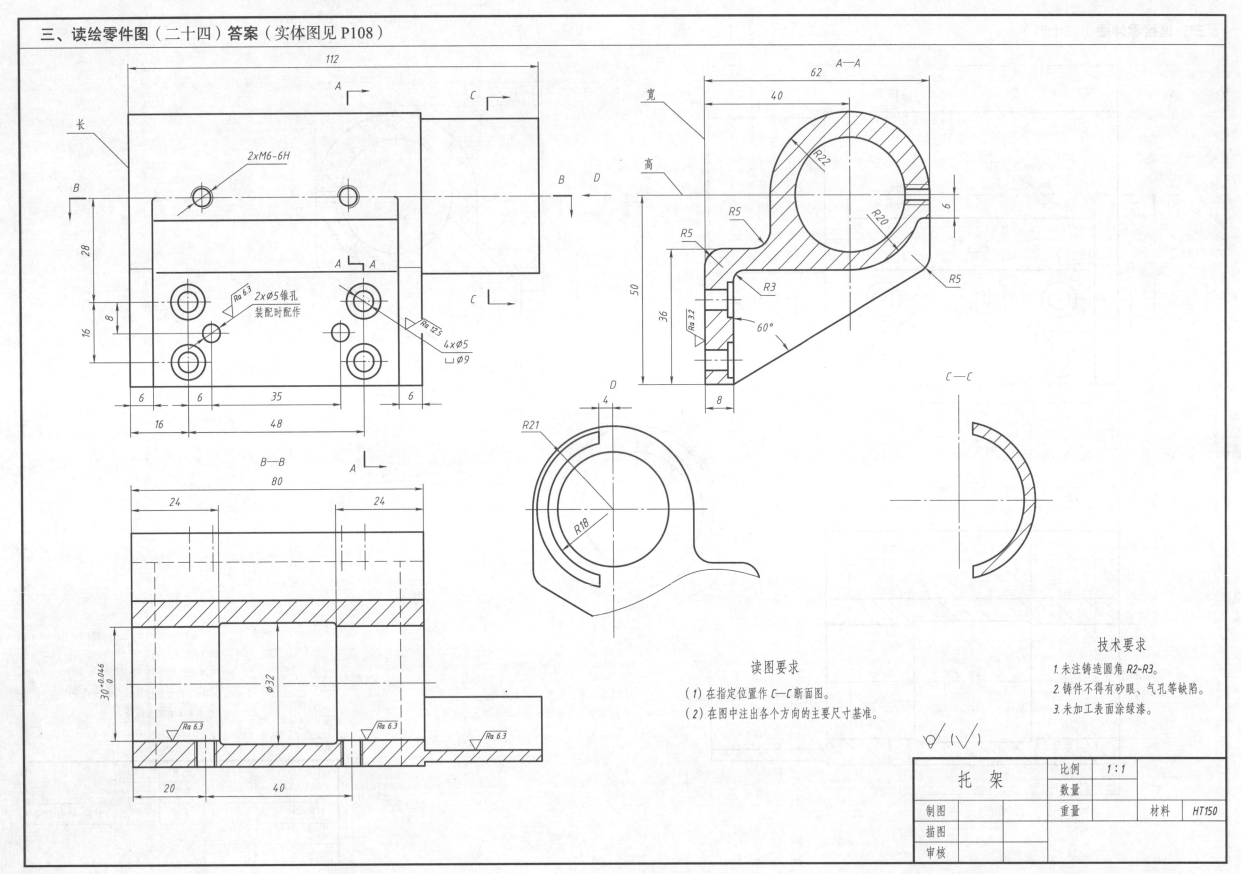

读图要求

（1）在指定位置作 C—C 断面图。

（2）在图中注出各个方向的主要尺寸基准。

技术要求

1. 未注铸造圆角 R2~R3。

2. 铸件不得有砂眼、气孔等缺陷。

3. 未加工表面涂绿漆。

托 架	比例	1：1		
	数量			
制图		重量		材料
描图				HT150
审核				

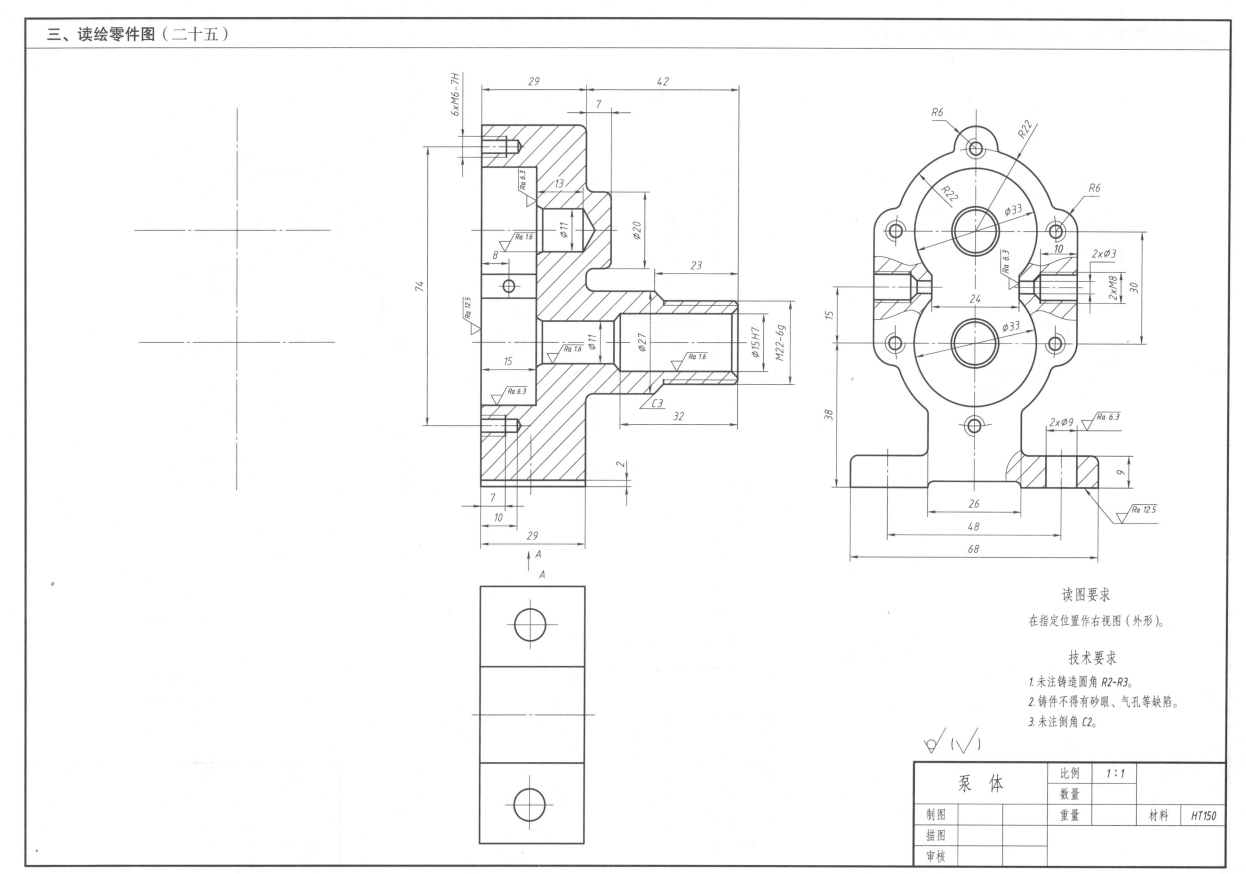

读图要求

在指定位置作右视图（外形）。

技术要求

1. 未注铸造圆角 R2-R3。
2. 铸件不得有砂眼、气孔等缺陷。
3. 未注倒角 C2。

泵 体		比例	1:1		
		数量			
制图		重量		材料	HT150
描图					
审核					

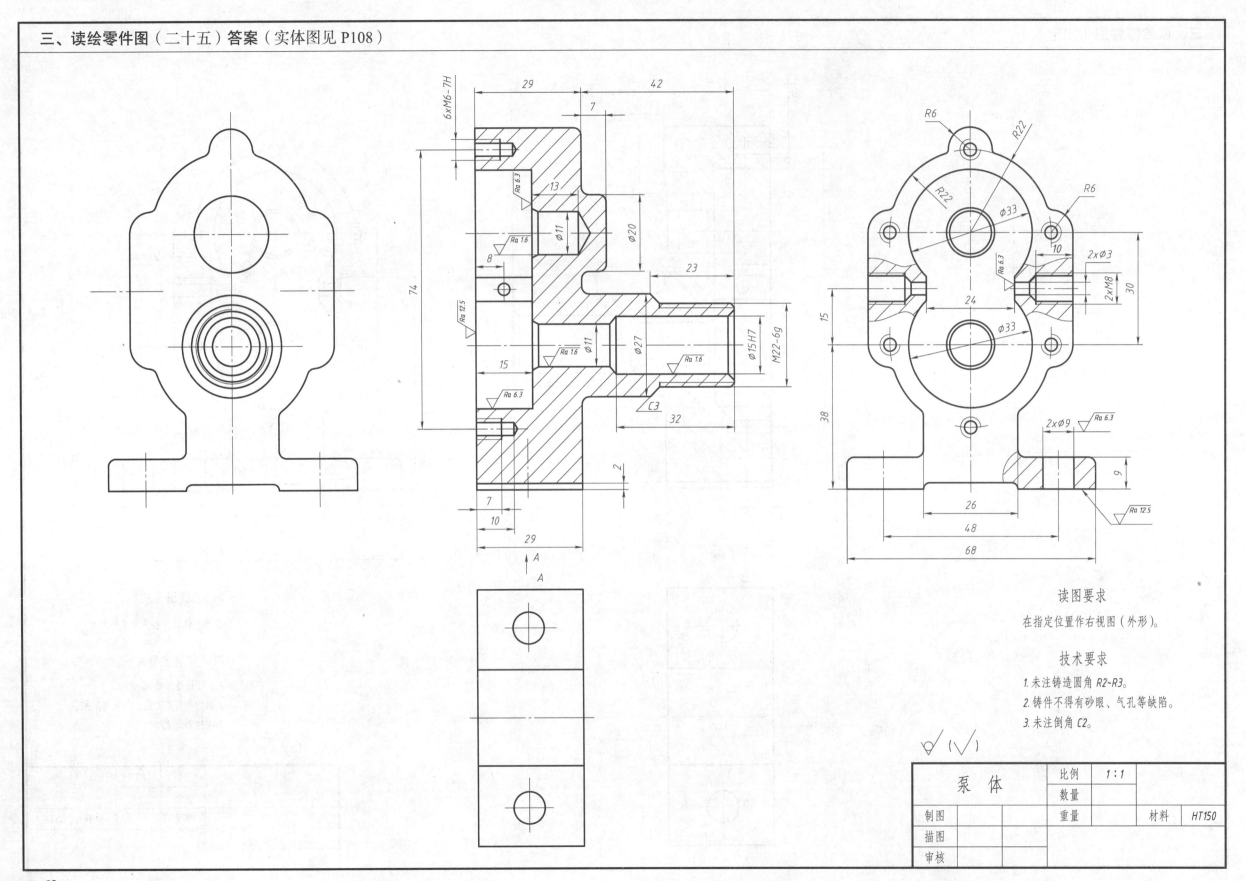

读图要求

在指定位置作右视图（外形）。

技术要求

1. 未注铸造圆角 R2~R3。

2. 铸件不得有砂眼、气孔等缺陷。

3. 未注倒角 C2。

泵　体		比例	1:1		
		数量			
制图			重量	材料	HT150
描图					
审核					

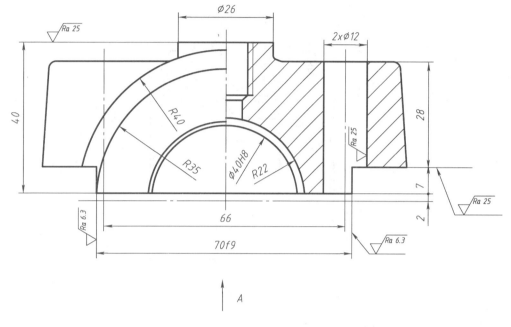

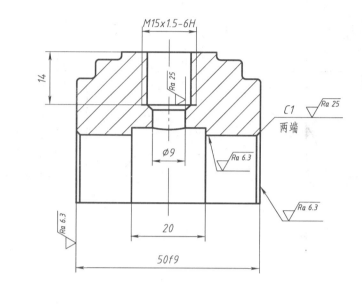

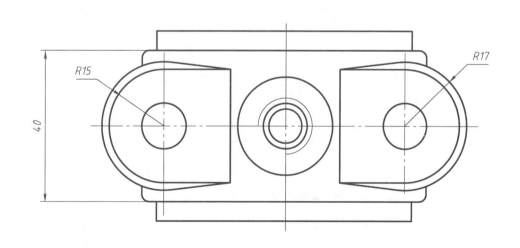

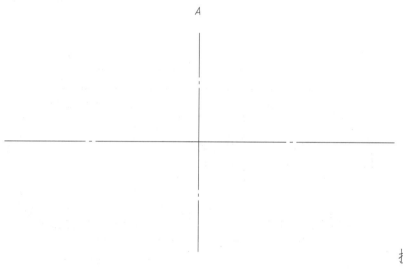

技术要求

1. 未注铸造圆角 R2~R3。

2. 铸件不得有砂眼、气孔等缺陷。

读图要求

看懂轴承盖零件图，想出形状画 A 向视图。

轴承盖	比例	1:1	
	数量		
制图		重量		材料	HT150
描图				
审核				

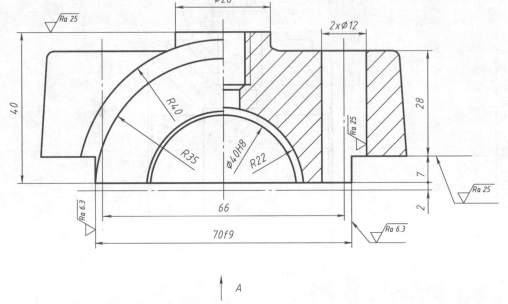

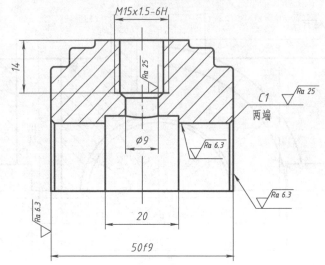

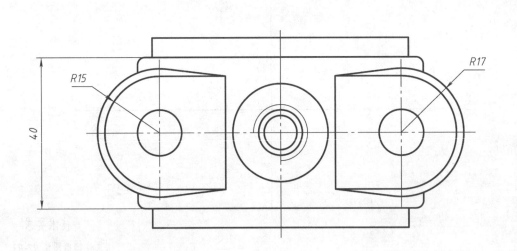

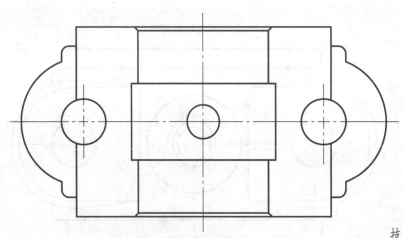

技术要求

1. 未注铸造圆角 R2~R3。

2. 铸件不得有砂眼、气孔等缺陷。

读图要求

看懂轴承盖零件图，想出形状画 A 向视图。

轴承盖		比例	1:1		
		数量			
制图		重量		材料	HT150
描图					
审核					

四、读装配图（一）

看懂推杆阀装配图，完成下列问题：

（1）图中尺寸 G1/4、110 分别属于哪类尺寸？

（2）解释图中 M24×1.5-6H/6g 的含义。

（3）垫片 6 起什么作用？

（4）配合尺寸 $\phi7H8/f8$ 中，f8 是（　　　　）号零件的公差带代号。

（5）拆画阀体 4、螺母 7 的零件图（尺寸从图中直接量取，不标尺寸）。

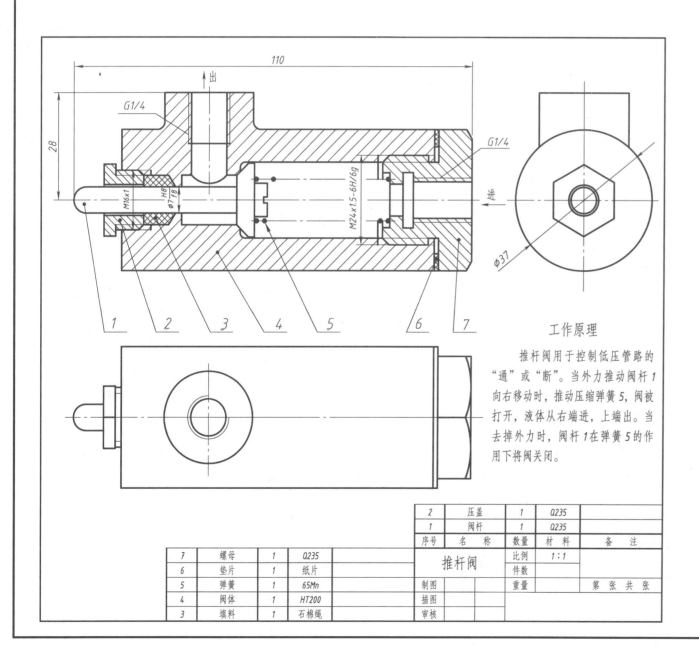

工作原理

推杆阀用于控制低压管路的"通"或"断"。当外力推动阀杆 1 向右移动时，推动压缩弹簧 5，阀被打开，液体从右端进，上端出。当去掉外力时，阀杆 1 在弹簧 5 的作用下将阀关闭。

2	压盖	1	Q235	
1	阀杆	1	Q235	
序号	名　称	数量	材　料	备　　注

	推杆阀		比例	1:1
7	螺母	1	Q235		件数	
6	垫片	1	纸片		制图		重量		第　张　共　张
5	弹簧	1	65Mn		描图			
4	阀体	1	HT200		审核			
3	填料	1	石棉绳					

看懂推杆阀装配图，完成下列问题：

（1）图中尺寸 G1/4、110 分别属于哪类尺寸？

（2）解释图中 M24×1.5-6H/6g 的含义。

（3）垫片 6 起什么作用？

（4）配合尺寸 φ7H8/f8 中，f8 是（　　　　）号零件的公差带代号。

（5）拆画阀体 4、螺母 7 的零件图（尺寸从图中直接量取，不标尺寸）。

答：（1）G1/4 属于性能规格（或安装）尺寸，110 属于总体尺寸。

（2）M24 为螺纹公称直径；1.5 为螺距；6H 为内螺纹中径和顶径公差带代号；6g 为外螺纹中径和顶径公差带代号；细牙普通螺纹；右旋。

（3）密封作用。

（4）f8 是（1）号零件的公差带代号。

（5）阀体 4、螺母 7 的零件图如下：

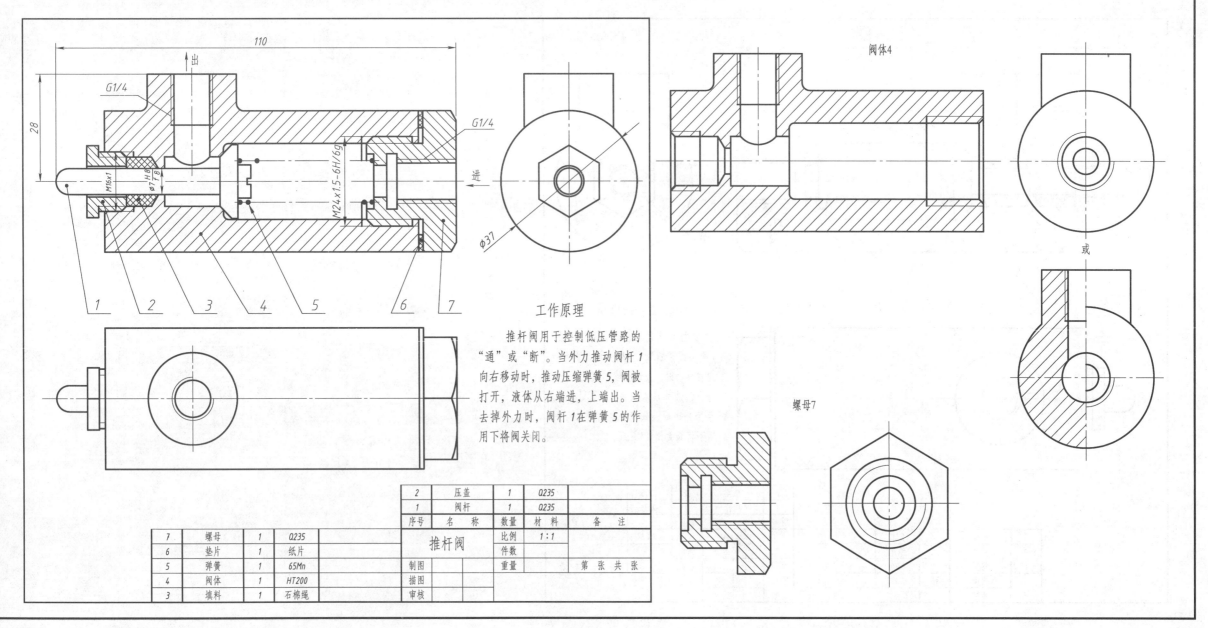

工作原理

推杆阀用于控制低压管路的"通"或"断"。当外力推动阀杆 1 向右移动时，推动压缩弹簧 5，阀被打开，液体从右端进，上端出。当去掉外力时，阀杆 1 在弹簧 5 的作用下将阀关闭。

阀体4

或

螺母7

2	压盖	1	Q235	
1	阀杆	1	Q235	
序号	名　称	数量	材　料	备　注

7	螺母	1	Q235		比例	1:1		
6	垫片	1	纸片	推杆阀	件数			
5	弹簧	1	65Mn		制图		重量	第 张 共 张
4	阀体	1	HT200		描图			
3	填料	1	石棉绳		审核			

看懂手压阀装配图，完成下列各题：

（1）12H9/f9 是（　　）号件与（　　）号件之间的配合，12 表示（　　），H9 表示（　　），f9 表示（　　），该配合为（　　）制，配合种类为（　　）。

（2）7 号零件起什么作用？

（3）拆画托架 6、阀座 3 的零件图（画图尺寸从图上直接量取，不标尺寸）。

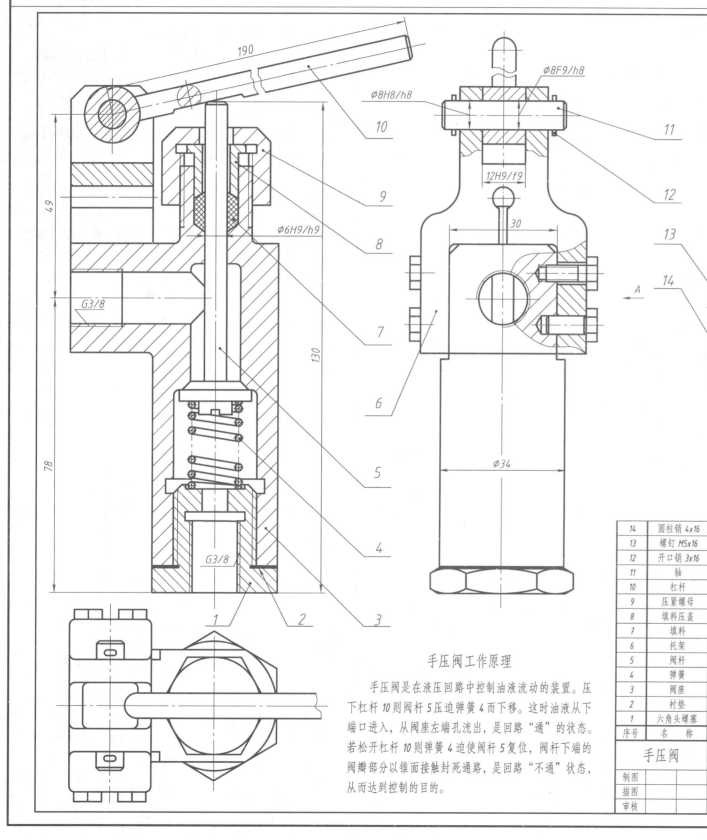

14	圆柱销 4x16	4	Q235A	GB/T 119.1
13	螺钉 M5x16	4	Q235A	GB/T 5780
12	开口销 3x16	2	Q235A	GB/ T91
11	轴	1	45	
10	杠杆	1	Q235A	
9	压紧螺母	1	45	
8	填料压盖	1	45	
7	填料	1	Q235A	
6	托架	1	35	
5	阀杆	1	45	
4	弹簧	1	钢丝	
3	阀座	1	HT150	
2	衬垫	1	皮革	
1	六角头螺塞	1	45	
序号	名　称	数量	材料	备　注

手压阀		比例	1:1	
		件数		
制图		重量		第 张 共 张
描图				
审核				

手压阀工作原理

手压阀是在液压回路中控制油液流动的装置。压下杠杆 10 则阀杆 5 压迫弹簧 4 而下移。这时油液从下端口进入，从阀座左端孔流出，是回路"通"的状态。若松开杠杆 10 则弹簧 4 迫使阀杆 5 复位，阀杆下端的阀瓣部分以锥面接触封死通路，是回路"不通"状态，从而达到控制的目的。

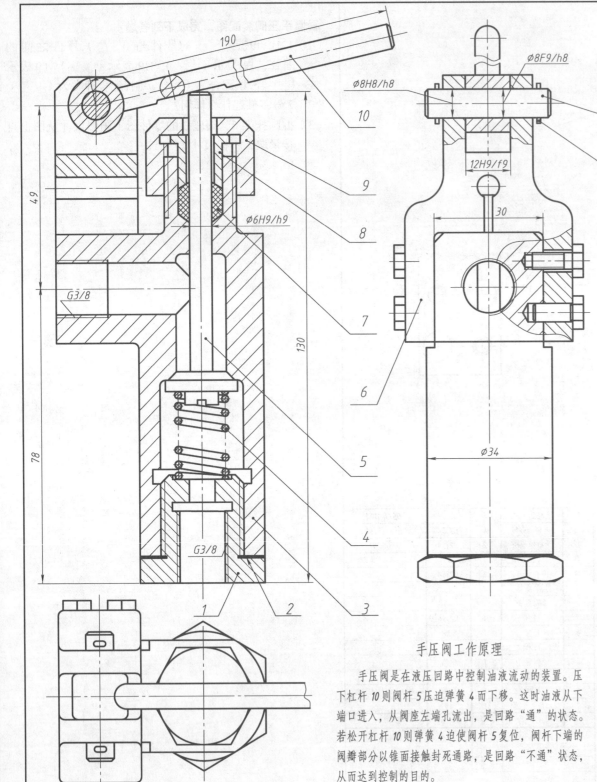

看懂手压阀装配图,完成下列各题:

（1）12H9/f 9 是（　　）件与（　　）件之间的配合，12 表示（　　），H9 表示（　　），f9 表示（　　），该配合为（　　）制，配合种类为（　　）。

（2）7 号零件起什么作用?

（3）拆画托架 6、阀座 3 的零件图（画图尺寸从图上直接量取，不标尺寸）。

答:（1）（6）号件与（10）件之间的配合，12 表示（公称尺寸），H9 表示（6 号件公差带代号），f9 表示（10 号件公差带代号），该配合为（基孔）制，配合种类为（间隙配合）。

（2）密封作用。

（3）托架 6、阀座 3 的零件图。

手压阀工作原理

　　手压阀是在液压回路中控制油液流动的装置。压下杠杆 10 则阀杆 5 压迫弹簧 4 而下移。这时油液从下端口进入，从阀座左端孔流出，是回路"通"的状态。若松开杠杆 10 则弹簧 4 迫使阀杆 5 复位，阀杆下端的阀瓣部分以锥面接触封死通路，是回路"不通"状态，从而达到控制的目的。

14	圆柱销 4x16	4	Q235A	GB/T 119.1
13	螺钉 M5x16	4	Q235A	GB/T 5780
12	开口销 3x16	2	Q235A	GB/ T91
11	轴	1	45	
10	杠杆	1	Q235A	
9	压紧螺母	1	45	
8	填料压盖	1	45	
7	填料	1	Q235A	
6	托架	1	35	
5	阀杆	1	45	
4	弹簧	1	钢丝	
3	阀座	1	HT150	
2	衬垫	1	皮革	
1	六角头螺塞	1	45	
序号	名　称	数量	材料	备 注

手压阀		比例	1:1
		件数	
制图		重量	第 张 共 张
描图			
审核			

托架 6

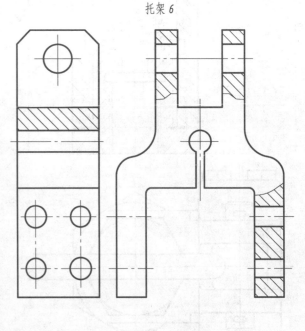

阀座 3 的零件图见 P96。

四、读装配图（三）

看懂千斤顶装配图，完成下列问题：

（1）转动零件3时，零件4是否一起转动？

（2）零件1与零件4的配合尺寸是（　　　），表示基（　　）制（　　）配合。

（3）拆画零件1、4的零件图（画图尺寸从图上直接量取，不标尺寸）。

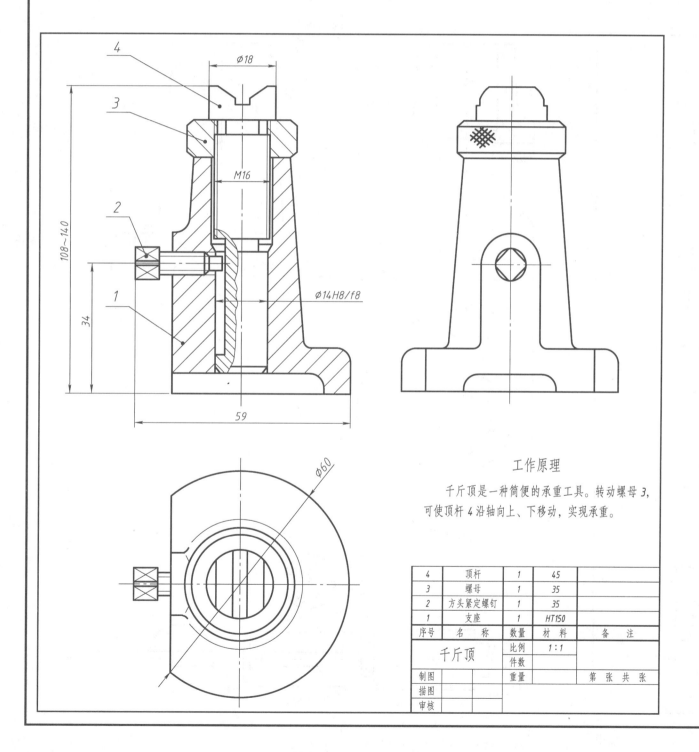

工作原理

千斤顶是一种简便的承重工具。转动螺母3，可使顶杆4沿轴向上、下移动，实现承重。

序号	名　称	数量	材　料	备　注
4	顶杆	1	45	
3	螺母	1	35	
2	方头紧定螺钉	1	35	
1	支座	1	HT150	

千斤顶	比例	1:1	
	件数		
制图		重量	第 张 共 张
描图			
审核			

四、读装配图（三）答案（实体图见 P109）

看懂千斤顶装配图，完成下列问题：

（1）转动零件 3 时，零件 4 是否一起转动？

（2）零件 1 与零件 4 的配合尺寸是（　），表示基（　）制（　）配合。

（3）拆画零件 1、4 的零件图（画图尺寸从图上直接量取，不标尺寸）。

答：（1）转动零件 3 时，零件 4 只能上下移动，不能转动。

（2）零件 1 与零件 4 的配合尺寸是（ϕ14H8/f8），表示基（孔）制（间隙）配合。

（3）支座 1、顶杆 4 的零件图如下：

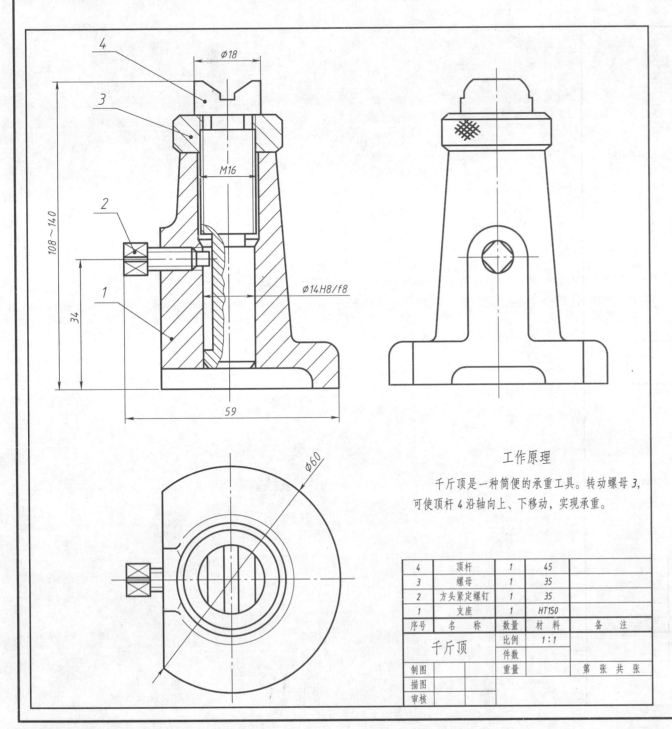

工作原理

千斤顶是一种简便的承重工具。转动螺母 3，可使顶杆 4 沿轴向上、下移动，实现承重。

4	顶杆	1	45	
3	螺母	1	35	
2	方头紧定螺钉	1	35	
1	支座	1	HT150	
序号	名　称	数量	材　料	备　注
千斤顶		比例	1：1	
		件数		
制图		重量		第　张 共　张
描图				
审核				

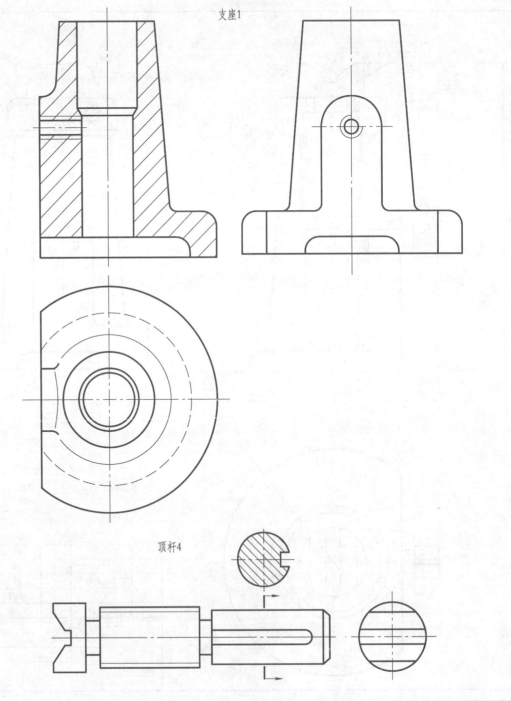

支座1

顶杆4

四、读装配图（四）

看懂安全阀装配图，完成下列问题：

（1）图中尺寸 Rp3/4、53 分别是什么尺寸?

（2）解释图中 M30×2 的含义。

（3）从顶部旋转盖螺母 4，有什么作用?

（4）φ18H11/d9 中，d9 是（　　　）号零件的公差带代号。

（5）拆画连接管 1、盖螺母 4 的零件图（尺寸从图上直接量取，不标尺寸）。

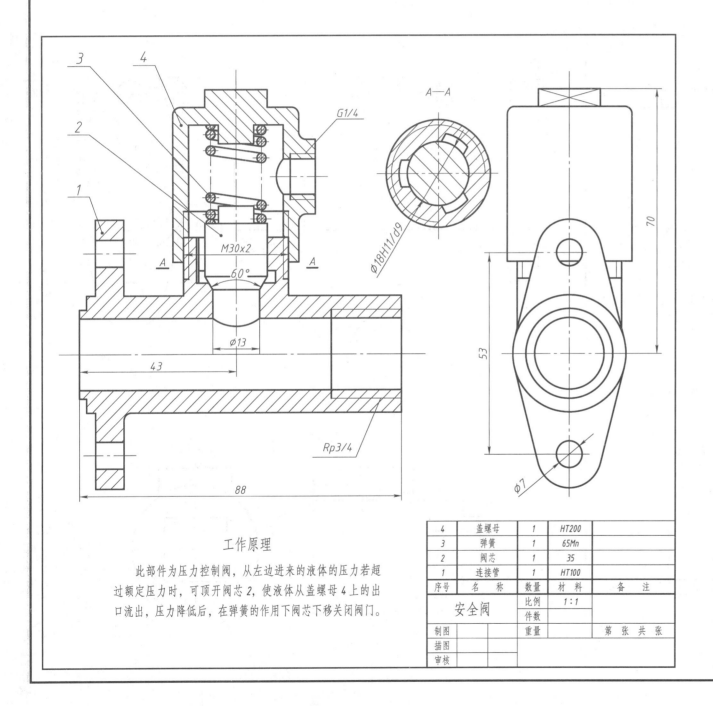

工作原理

　　此部件为压力控制阀，从左边进来的液体的压力若超过额定压力时，可顶开阀芯 2，使液体从盖螺母 4 上的出口流出，压力降低后，在弹簧的作用下阀芯下移关闭阀门。

4	盖螺母	1	HT200	
3	弹簧	1	65Mn	
2	阀芯	1	35	
1	连接管	1	HT100	
序号	名　称	数量	材　料	备　注

安全阀		比例	1:1	
		件数		
制图			重量	第　张　共　张
描图				
审核				

看懂安全阀装配图，完成下列问题：

（1）图中尺寸 Rp3/4、53 分别是什么尺寸？

（2）解释图中 M30×2 的含义。

（3）从顶部旋转盖螺母 4，有什么作用？

（4）ϕ18H11/d9 中，d9 是（　　）号零件的公差带代号。

（5）拆画连接管 1、盖螺母 4 的零件图（尺寸从图上直接量取，不标尺寸）。

答：（1）Rp3/4 为性能规格尺寸，53 为安装尺寸。

（2）M 为普通螺纹代号，30 为公称直径，2 为螺距，细牙右旋。

（3）调节弹簧压力。

（4）ϕ18H11/d9 中，d9 是（2）号零件的公差带代号。

（5）连接管 1、盖螺母 4 的零件图如下：

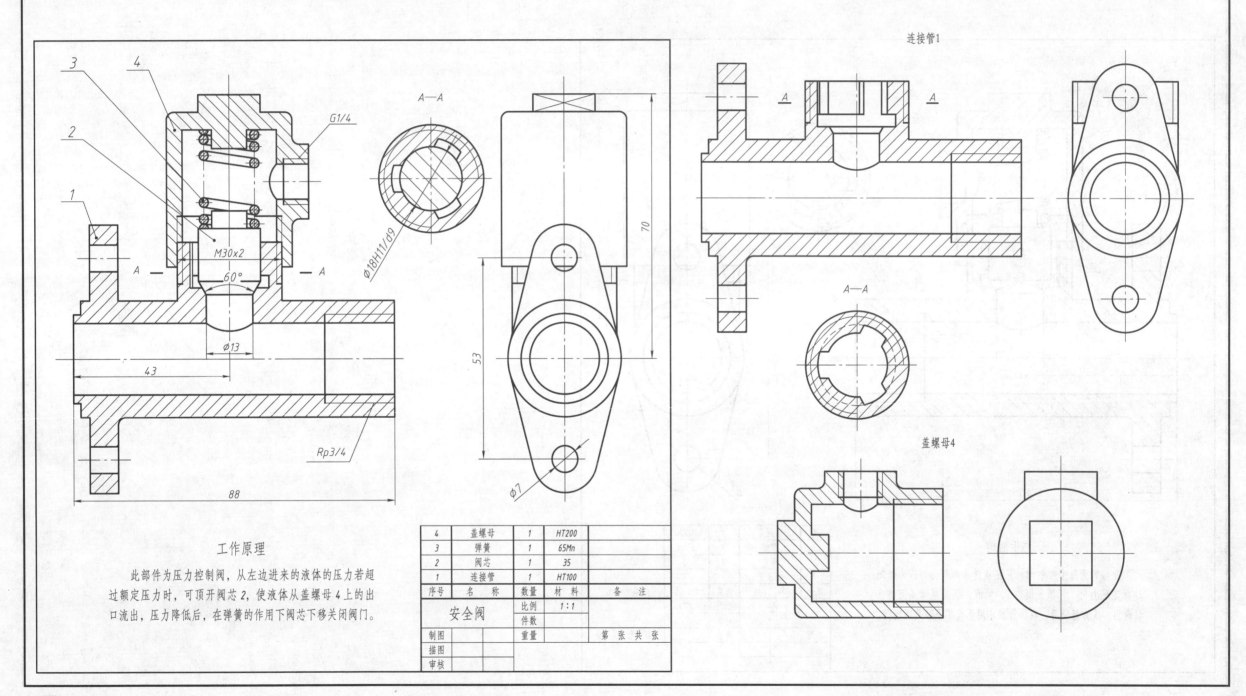

连接管1

盖螺母4

工作原理

　　此部件为压力控制阀，从左边进来的液体的压力若超过额定压力时，可顶开阀芯 2，使液体从盖螺母 4 上的出口流出，压力降低后，在弹簧的作用下阀芯下移关闭阀门。

4	盖螺母	1	HT200	
3	弹簧	1	65Mn	
2	阀芯	1	35	
1	连接管	1	HT100	
序号	名　称	数量	材料	备　注

安全阀		比例	1:1	
		件数		
制图		重量		第 张 共 张
描图				
审核				

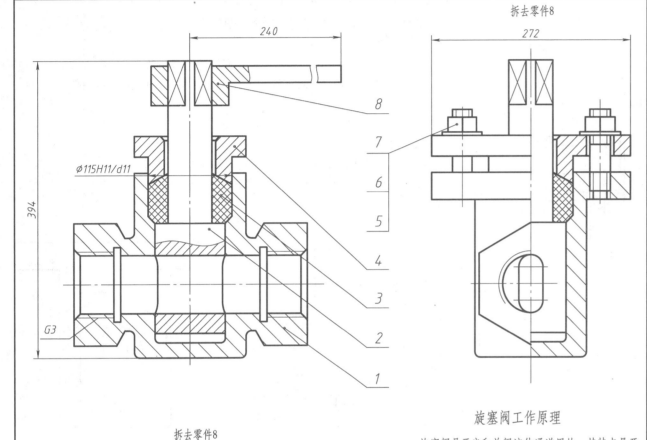

拆去零件8

240

272

φ115H11/d11

394

G3

8
7
6
5
4
3
2
1

拆去零件8

318

看懂旋塞阀装配图，完成下列问题：

（1）图中尺寸 G3、318 分别是什么类型尺寸？

（2）3 号零件起什么作用？

（3）φ115H11/d11 中，d11 是（   ）号零件的公差带代号。

（4）拆画阀体 1、塞轴 2 的零件图（标出配合尺寸，其余尺寸不标）。

旋塞阀工作原理

旋塞阀是开启和关闭流体通道用的，其特点是开关迅速，它以螺纹联接于管道上。装配图表明了开启的位置，此时塞轴 2 上圆柱塞中的长孔与阀体 1 上的长孔相通，转动手把旋转 90°，并带动塞轴旋转 90°，圆柱塞关闭了阀体上的通孔。为了防止泄露，在塞轴与阀体之间缠上了石棉绳，并用压盖 4 压紧。

8	手把	1	HT150	
7	垫圈 28	2	Q235A	GB/T 97.1
6	螺母 M28	2	Q235A	GB/T 6170
5	螺柱	2	Q235A	
4	压盖	1	HT150	
3	填料		石棉绳	
2	塞轴	1	HT200	
1	阀体	1	HT200	
序号	名　称	数量	材　料	备　注

旋塞阀	比例	1：5	
	件数		
制图		重量	第　张　共　张
描图			
审核			

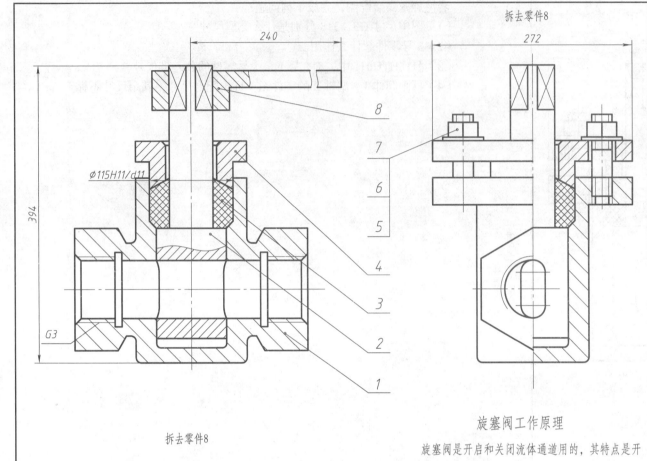

拆去零件8

272

8
7
6
5
4
3
2
1

Φ115H11/d11

394

240

G3

拆去零件8

318

旋塞阀工作原理

旋塞阀是开启和关闭流体通道用的，其特点是开关迅速，它以螺纹联接于管道上。装配图表明了开启的位置，此时塞轴 2 上圆柱塞中的长孔与阀体 1 上的长孔相通，转动手把 90°，并带动塞轴旋转 90°，圆柱塞关闭了阀体上的通孔。为了防止泄露，在塞轴与阀体之间缠上了石棉绳，并用压盖 4 压紧。

8	手把	1	HT150	
7	垫圈 28	2	Q235A	GB/T 97.1
6	螺母 M28	2	Q235A	GB/T 6170
5	螺柱	2	Q235A	
4	压盖	1	HT150	
3	填料		石棉绳	
2	塞轴	1	HT200	
1	阀体	1	HT200	
序号	名　称	数量	材料	备　注
旋塞阀		比例	1:5	
		件数		
制图		重量		第 张 共 张
描图				
审核				

看懂旋塞阀装配图，完成下列问题：

（1）图中尺寸 G3、318 分别是什么类型尺寸？

（2）3 号零件起什么作用？

（3）$\phi115H11/d11$ 中，d11 是（　）号零件的公差带代号。

（4）拆画阀体 1、塞轴 2 的零件图（标出配合尺寸，其余尺寸不标）。

答：（1）G3 为性能规格尺寸，318 为外形尺寸。

　　（2）密封作用。

　　（3）$\phi115H11/d11$ 中，d11 是（4）号零件的公差带代号。

　　（4）阀体 1、塞轴 2 的零件图如下：

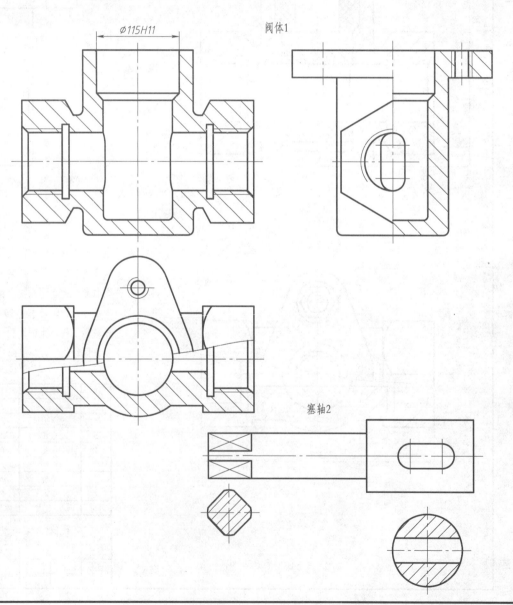

Φ115H11

阀体1

塞轴2

看懂止回阀装配图，完成下列各题：
（1）手把转动时，零件4（压盖）是否一起转动?
（2）φ23H11/d11 中，H11 是（   ）号零件的公差带代号。
（3）拆画阀体1、阀杆2的零件图（按图形大小绘制，不标尺寸）。

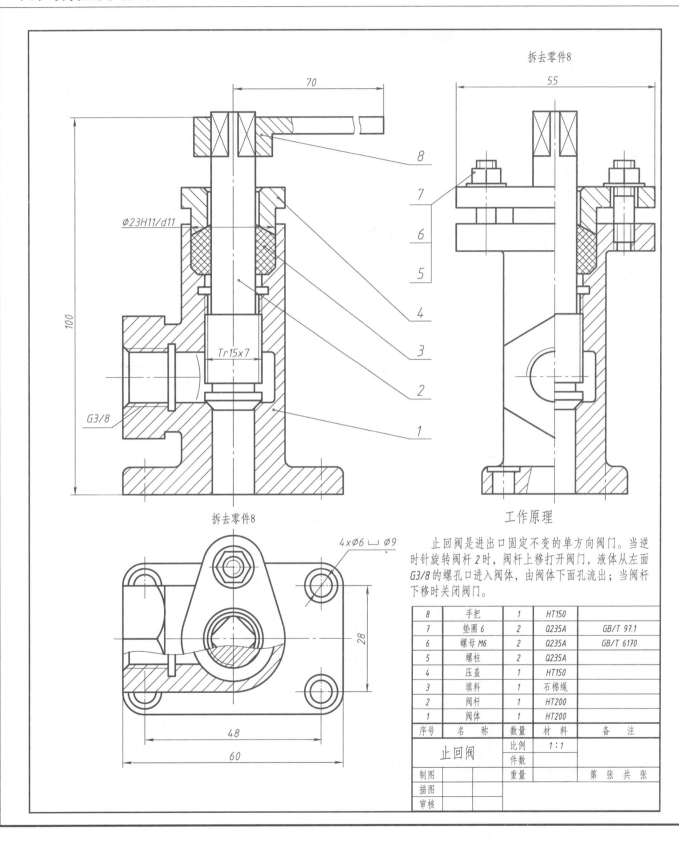

拆去零件8

拆去零件8

工作原理

70

55

φ23H11/d11

Tr15x7

G3/8

100

8

7

6

5

4

3

2

1

4x⌀6⌴⌀9

28

48

60

止回阀是进出口固定不变的单方向阀门。当逆时针旋转阀杆 2 时，阀杆上移打开阀门，液体从左面 G3/8 的螺孔口进入阀体，由阀体下面孔流出；当阀杆下移时关闭阀门。

8	手把	1	HT150	
7	垫圈6	2	Q235A	GB/T 97.1
6	螺母M6	2	Q235A	GB/T 6170
5	螺柱	2	Q235A	
4	压盖	1	HT150	
3	填料	1	石棉绳	
2	阀杆	1	HT200	
1	阀体	1	HT200	
序号	名　称	数量	材　料	备　注
止回阀		比例	1:1	
		件数		
制图		重量		第 张 共 张
描图				
审核				

四、读装配图（六）答案（实体图见 P109）

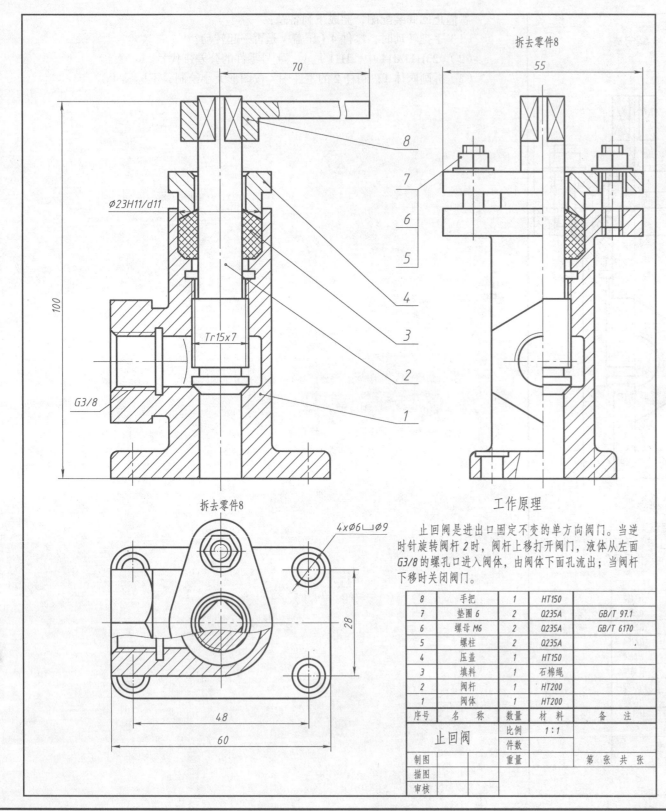

拆去零件8

70

φ23H11/d11

Tr15x7

G3/8

100

拆去零件8

4×φ6⊔φ9

28

48

60

工作原理

止回阀是进出口固定不变的单方向阀门。当逆时针旋转阀杆2时，阀杆上移打开阀门，液体从左面G3/8的螺孔口进入阀体，由阀体下面孔流出；当阀杆下移时关闭阀门。

8	手把	1	HT150	
7	垫圈6	2	Q235A	GB/T 97.1
6	螺母M6	2	Q235A	GB/T 6170
5	螺柱	2	Q235A	
4	压盖	1	HT150	
3	填料	1	石棉绳	
2	阀杆	1	HT200	
1	阀体	1	HT200	
序号	名 称	数量	材 料	备 注
止回阀		比例	1:1	
		件数		
制图		重量		
描图				第 张 共 张
审核				

看懂止回阀装配图，完成下列各题：

（1）手把转动时，零件4（压盖）是否一起转动？

（2）φ23H11/d11 中，H11 是（ ）号零件的公差带代号。

（3）拆画阀体1、阀杆2的零件图（按图形大小绘制，不标尺寸）。

答：（1）不一起转动。（2）1号零件。（3）阀体1、阀杆2的零件图如下：

阀体1

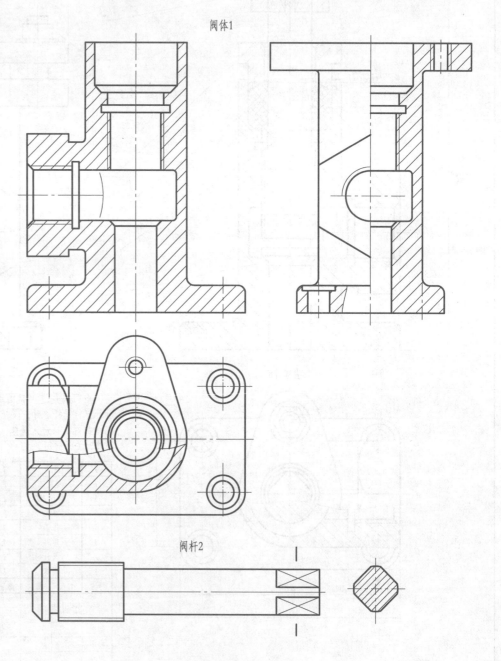

阀杆2

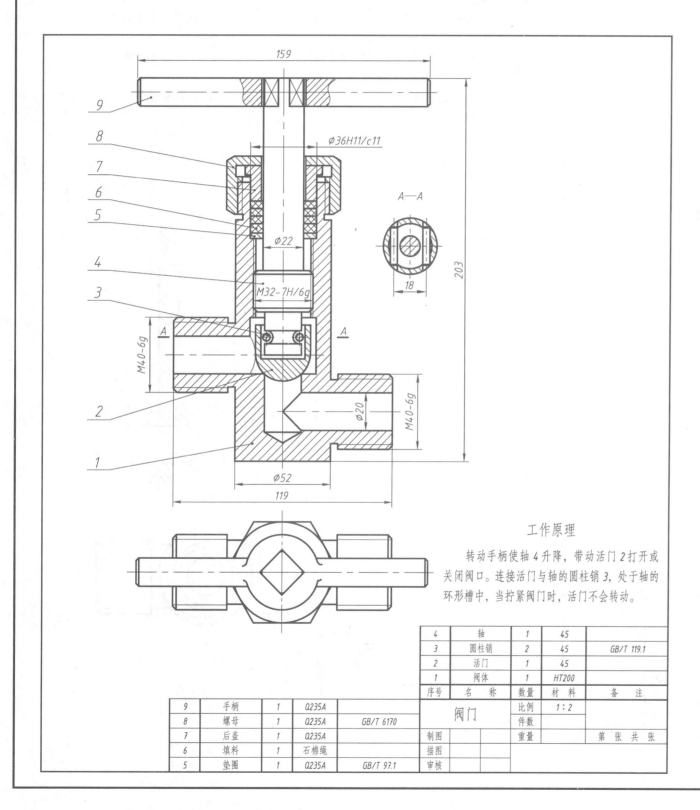

（1）配合代号 $\phi36H11/c11$ 的含义：公称尺寸是（　　）；孔和轴的公差等级均为（　　）；配合为（　　）制（　　）配合。

（2）拆画零件1、零件4的零件图（画图尺寸从图上直接量取，不标尺寸）。

159

φ36H11/c11

A—A

203

φ22

18

M32-7H/6g

M40-6g

A — A

M40-6g

φ20

φ52

119

工作原理

转动手柄使轴4升降，带动活门2打开或关闭阀口。连接活门与轴的圆柱销3，处于轴的环形槽中，当拧紧阀门时，活门不会转动。

9	手柄	1	Q235A			比例	1:2	
8	螺母	1	Q235A	GB/T 6170		件数		
7	后盖	1	Q235A			重量		第 张 共 张
6	填料	1	石棉绳		制图			
5	垫圈	1	Q235A	GB/T 97.1	描图			
					审核			

4	轴	1	45	
3	圆柱销	2	45	GB/T 119.1
2	活门	1	45	
1	阀体	1	HT200	
序号	名　称	数量	材料	备　注

阀门

看阀门装配图并回答问题:

（1）配合代号 $\phi36H11/c11$ 的含义：公称尺寸是（　）；孔和轴的公差等级均为（　）；配合为（　）制（　）配合。

（2）拆画零件1、零件4的零件图（画图尺寸从图上直接量取，不标尺寸）。

答：（1）配合代号 $\phi36H11/c11$ 的含义：公称尺寸是（$\phi36$）；孔和轴的公差等级均为（IT11）；配合为（基孔）制（间隙）配合。

（2）阀体1、轴4的零件图如下：

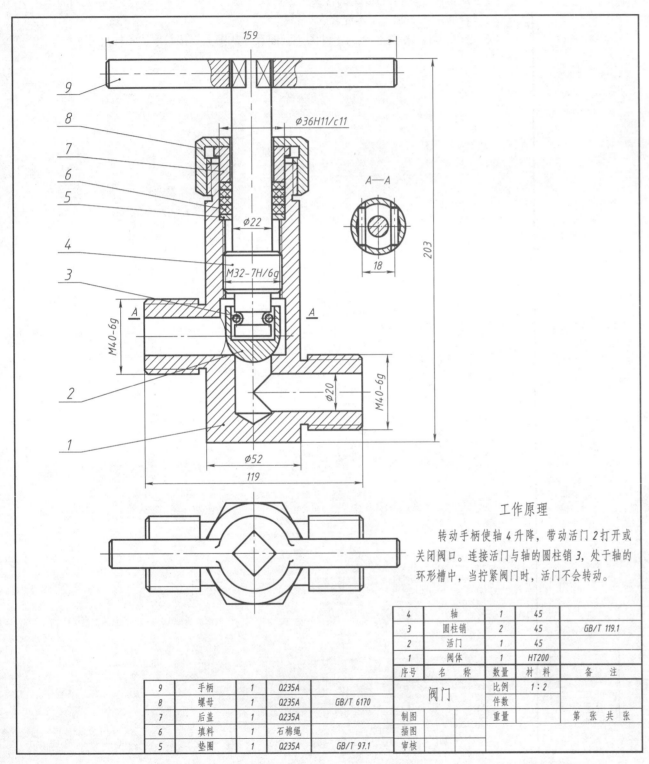

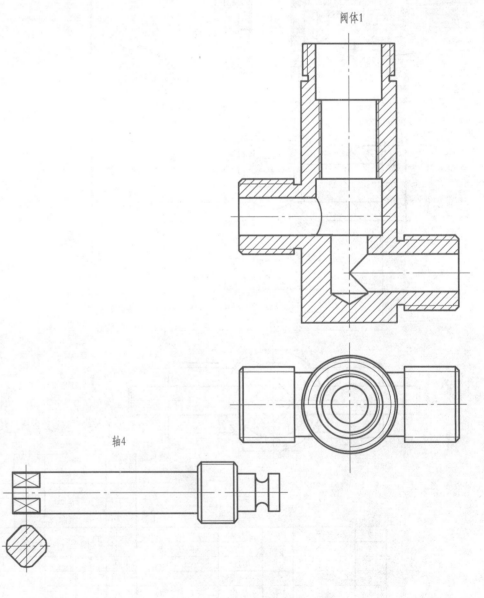

阀体1

轴4

工作原理

转动手柄使轴4升降，带动活门2打开或关闭阀口。连接活门与轴的圆柱销3，处于轴的环形槽中，当拧紧阀门时，活门不会转动。

序号	名 称	数量	材料	备 注
4	轴	1	45	
3	圆柱销	2	45	GB/T 119.1
2	活门	1	45	
1	阀体	1	HT200	
9	手柄	1	Q235A	
8	螺母	1	Q235A	GB/T 6170
7	后盖	1	Q235A	
6	填料	1	石棉绳	
5	垫圈	1	Q235A	GB/T 97.1

阀门		比例	1:2	
		件数		
制图		重量		第 张 共 张
描图				
审核				

四、读装配图（八）

看懂推杆阀装配图，完成下列各题：

（1）旋转零件 7 起什么作用？

（2）φ7H7/f6 表示（　　）制（　　）配合，孔的基本偏差代号为（　　），公差等
级为（　　）；轴的基本偏差代号为（　　），公差等级为（　　）。

（3）尺寸 G1/2、85 各属于哪类尺寸？

（4）拆画阀体 3、管接头 6 的零件图（尺寸从图上直接量取，不标尺寸）。

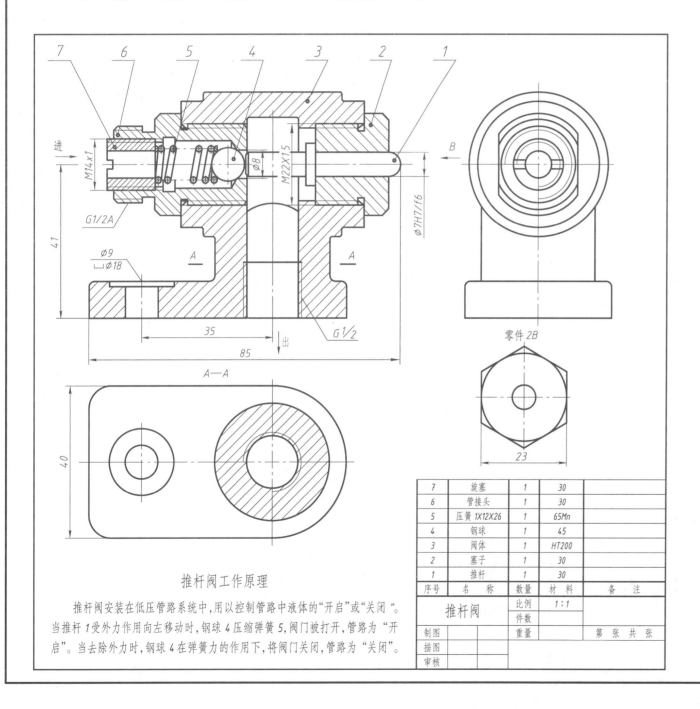

零件 2B

推杆阀工作原理

推杆阀安装在低压管路系统中，用以控制管路中液体的"开启"或"关闭"。
当推杆 1 受外力作用向左移动时，钢球 4 压缩弹簧 5，阀门被打开，管路为"开
启"。当去除外力时，钢球 4 在弹簧力的作用下，将阀门关闭，管路为"关闭"。

7	旋塞	1	30	
6	管接头	1	30	
5	压簧 1X12X26	1	65Mn	
4	钢球	1	45	
3	阀体	1	HT200	
2	塞子	1	30	
1	推杆	1	30	
序号	名　称	数量	材　料	备　注

推杆阀	比例	1:1	
	件数		
制图		重量	第 张 共 张
描图			
审核			

看懂推杆阀装配图，完成下列各题：

（1）旋转零件 7 起什么作用？

（2）$\phi7H7/f6$ 表示（　）制（　）配合，孔的基本偏差代号为（　），公差等级为（　）；轴的基本偏差代号为（　），公差等级为（　）。

（3）尺寸 G1/2、85 各属于哪类尺寸？

（4）拆画阀体 3、管接头 6 的零件图（尺寸从图上直接量取，不标尺寸）。

答：（1）调整弹簧压力。

（2）$\phi7H7/f6$ 表示（基孔）制（间隙）配合，孔的基本偏差代号为（H），公差等级为（IT7）；轴的基本偏差代号为（f），公差等级为（IT6）。

（3）尺寸 G1/2 属于安装（或规格）尺寸，85 属于总体尺寸。

（4）阀体 3、管接头 6 的零件图如下：

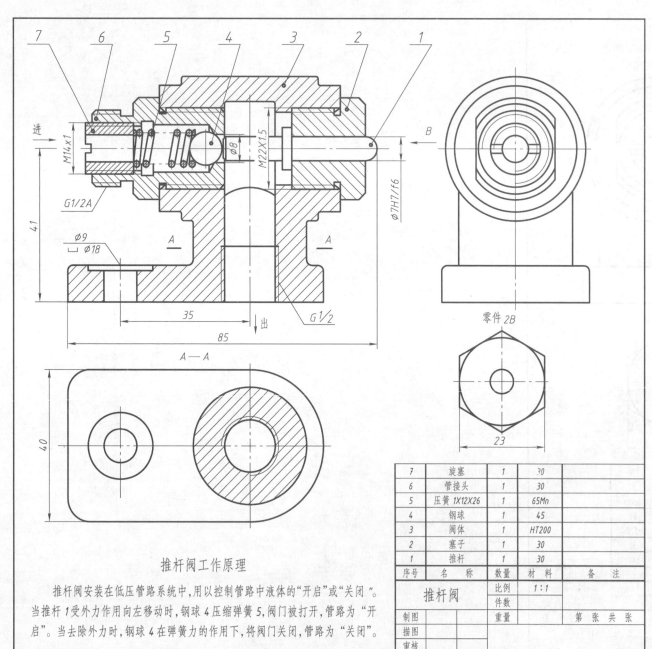

推杆阀工作原理

推杆阀安装在低压管路系统中，用以控制管路中液体的"开启"或"关闭"。当推杆 1 受外力作用向左移动时，钢球 4 压缩弹簧 5，阀门被打开，管路为"开启"。当去除外力时，钢球 4 在弹簧力的作用下，将阀门关闭，管路为"关闭"。

7	旋塞	1	30	
6	管接头	1	30	
5	压簧 1X12X26	1	65Mn	
4	钢球	1	45	
3	阀体	1	HT200	
2	塞子	1	30	
1	推杆	1	30	
序号	名　称	数量	材　料	备　注
推杆阀		比例	1:1	
		件数		
制图		重量		第 张 共 张
描图				
审核				

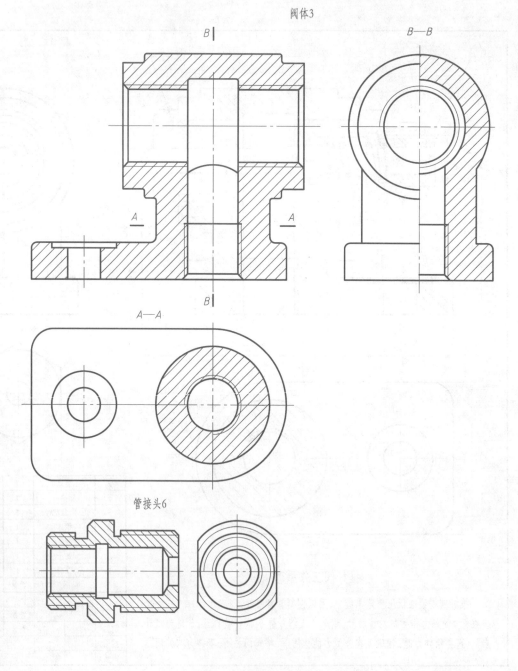

阀体3

管接头6

看懂拆卸器装配图，完成下列问题：

（1）图中尺寸103、116分别属于哪类尺寸？

（2）配合尺寸ϕ10H8/k7是（　）号零件与（　）号零件的配合，该配合为（　）制（　）配合。

（3）拆画横梁5、压紧螺杆1的零件图（尺寸从图中直接量取，不标尺寸）。

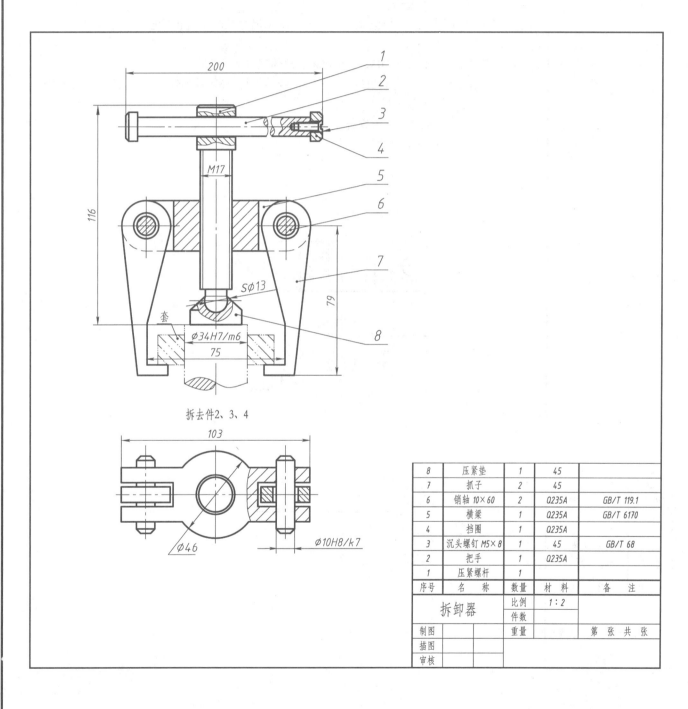

拆去件2、3、4

8	压紧垫	1	45	
7	抓子	2	45	
6	销轴10×60	2	Q235A	GB/T 119.1
5	横梁	1	Q235A	GB/T 6170
4	挡圈	1	Q235A	
3	沉头螺钉M5×8	1	45	GB/T 68
2	把手	1	Q235A	
1	压紧螺杆	1		
序号	名　称	数量	材料	备　注

拆卸器	比例	1:2	
	件数		
制图	重量		第 张 共 张
描图			
审核			

看懂拆卸器装配图，完成下列问题：

（1）图中尺寸 103、116 分别属于哪类尺寸?

（2）配合尺寸 $\phi10H8/k7$ 是（　）号零件与（　）号零件的配合,该配合为（　）制（　）配合。

（3）拆画横梁 5、压紧螺杆 1 的零件图（尺寸从图中直接量取，不标尺寸）。

答：（1）图中尺寸 103、116 均属于总体尺寸。

（2）配合尺寸 $\phi10H8/k7$ 是（5）号零件与（6）号零件的配合,该配合为（基孔）制（过渡）配合。

（3）横梁 5、压紧螺杆 1 的零件图如下：

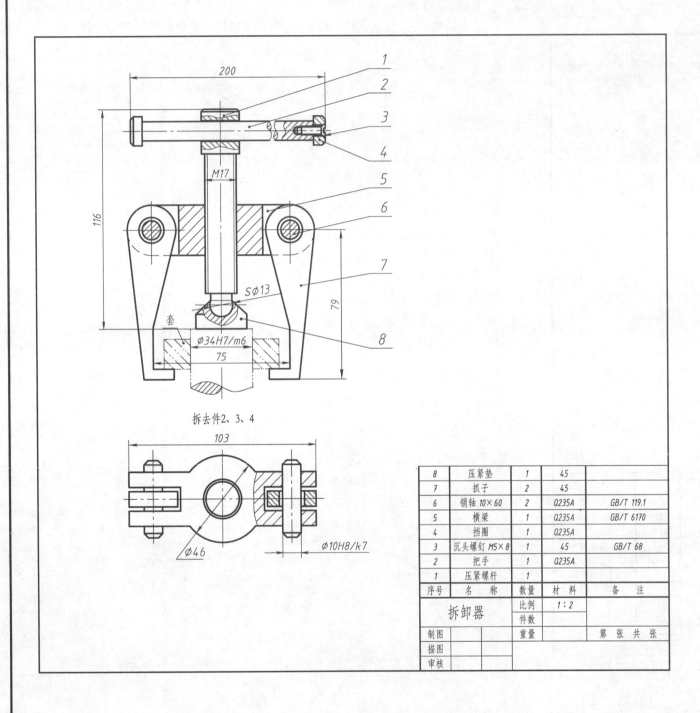

拆去件2、3、4

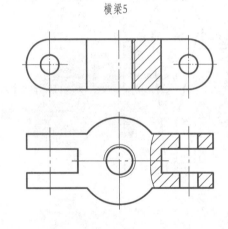

横梁5

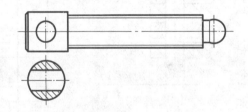

压紧螺杆1

8	压紧垫	1	45	
7	抓子	2	45	
6	销轴 10×60	2	Q235A	GB/T 119.1
5	横梁	1	Q235A	GB/T 6170
4	挡圈	1	Q235A	
3	沉头螺钉 M5×8	1	45	GB/T 68
2	把手	1	Q235A	
1	压紧螺杆	1		
序号	名　称	数量	材　料	备　注
拆卸器		比例	1:2	
		件数		
制图		重量		第 张 共 张
描图				
审核				

四、读装配图（十）

看懂弹性支承装配图，完成下列问题：

（1）支承柱与顶丝是用（　　　）联接的。

（2）M30×1.5-7H/6g 是（　　　）螺纹，螺距为（　　　）。

（3）φ26H9/f9 是基（　　）制（　　　）配合，H9 为（　　）号零件的公差带，f9 为（　　）号零件的公差带。

（4）拆画零件 1 底座、零件 5 支承柱的零件图（只标注图中所给尺寸）。

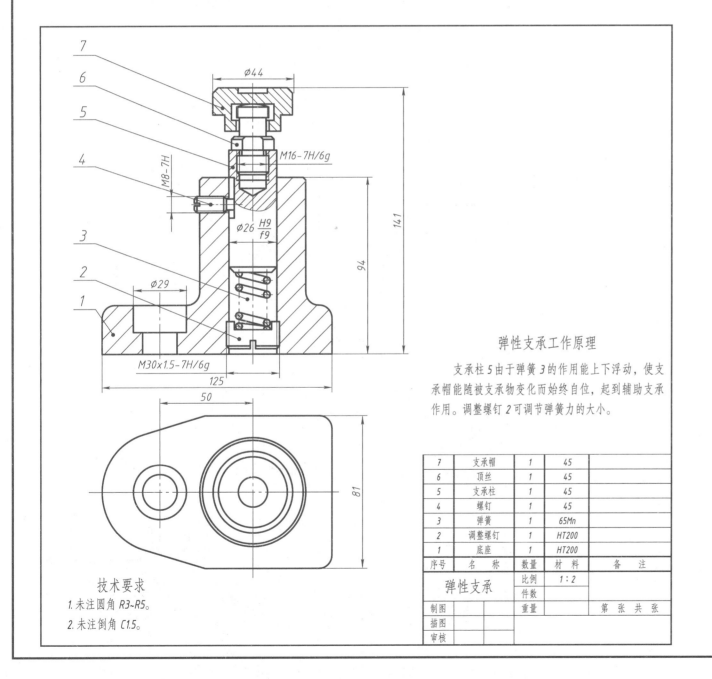

弹性支承工作原理

支承柱 5 由于弹簧 3 的作用能上下浮动，使支承帽能随被支承物变化而始终自位，起到辅助支承作用。调整螺钉 2 可调节弹簧力的大小。

7	支承帽	1	45	
6	顶丝	1	45	
5	支承柱	1	45	
4	螺钉	1	45	
3	弹簧	1	65Mn	
2	调整螺钉	1	HT200	
1	底座	1	HT200	
序号	名　称	数量	材料	备　注

弹性支承	比例	1：2		
	件数			
制图		重量		第　张　共　张
描图				
审核				

技术要求

1. 未注圆角 R3-R5。
2. 未注倒角 C1.5。

·83·

看懂弹性支承装配图，完成下列问题：

（1）支承柱与顶丝是用（　　）联接的。

（2）M30×1.5-7H/6g 是（　　）螺纹，螺距为（　　）。

（3）φ26H9/f9 是基（　　）制（　　）配合，H9 为（　　）号零件的公差带，f9 为（　　）号零件的公差带。

（4）拆画零件1底座、零件5支承柱的零件图（只标注图中所给尺寸）。

答：（1）支承柱与顶丝是用（螺纹）联接的。

（2）M30×1.5-7H/6g 是（细牙普通）螺纹，螺距为（1.5）。

（3）φ26H9/f9 是（基孔）制（间隙）配合，H9 为（1）号零件的公差带，f9 为（5）号零件的公差带。

（4）零件1底座、零件5支承柱的零件图。

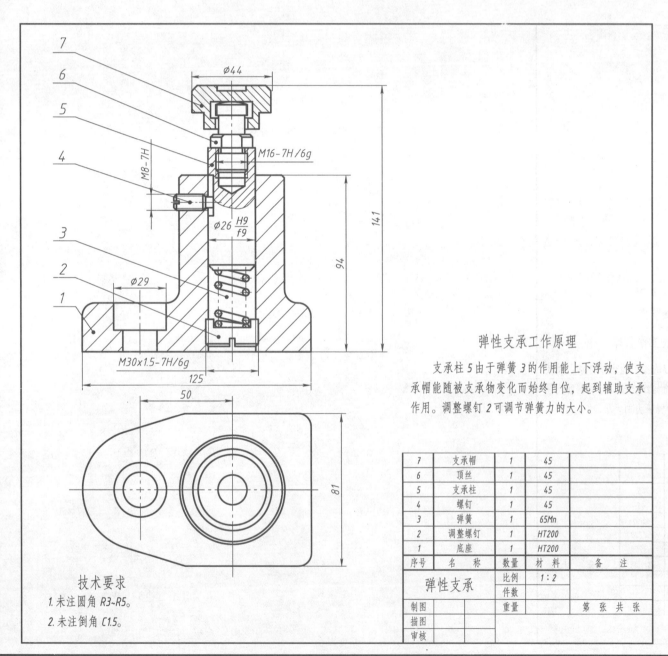

弹性支承工作原理

支承柱5由于弹簧3的作用能上下浮动，使支承帽能随被支承物变化而始终自位，起到辅助支承作用。调整螺钉2可调节弹簧力的大小。

7	支承帽	1	45	
6	顶丝	1	45	
5	支承柱	1	45	
4	螺钉	1	45	
3	弹簧	1	65Mn	
2	调整螺钉	1	HT200	
1	底座	1	HT200	
序号	名　称	数量	材料	备　注
弹性支承		比例	1:2	
		件数		
制图		重量		第 张 共 张
描图				
审核				

技术要求

1. 未注圆角 R3-R5。

2. 未注倒角 C1.5。

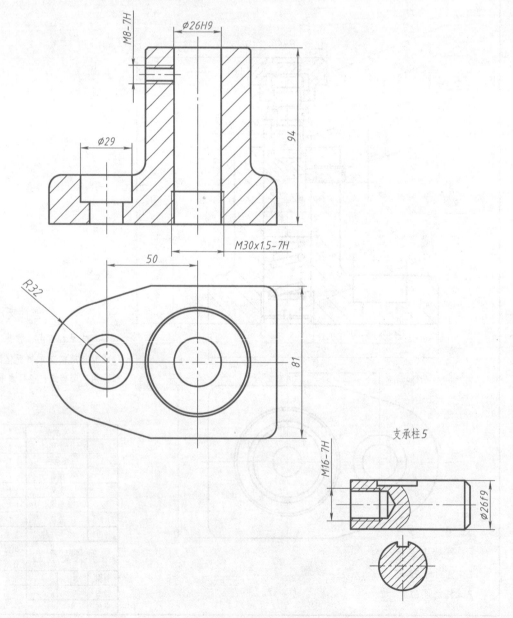

底座1

支承柱5

四、读装配图（十一）

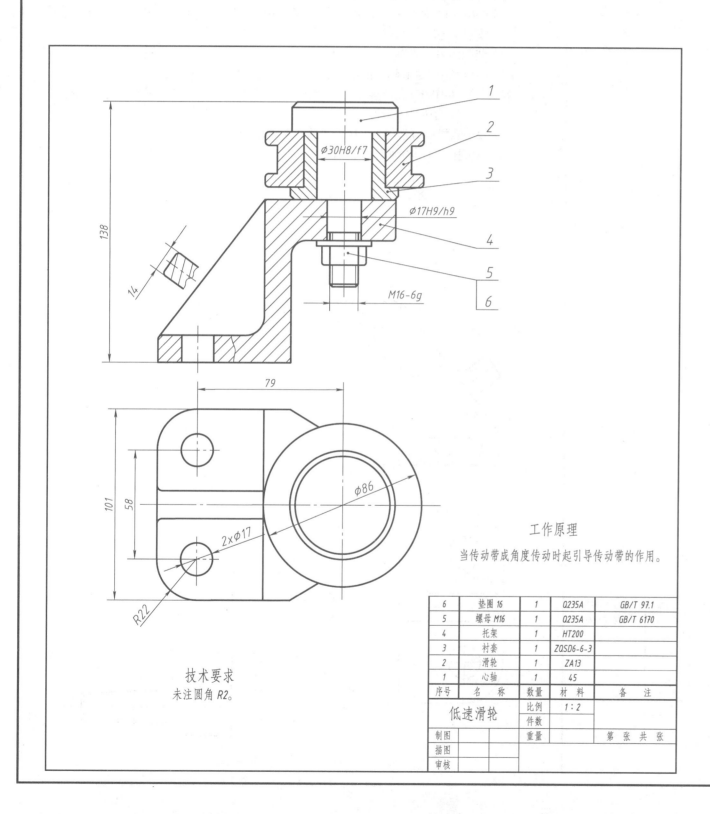

$\phi30H8/f7$

$\phi17H9/h9$

M16-6g

138

14

79

$\phi86$

101

58

$2\times\phi17$

R22

工作原理

当传动带成角度传动时起引导传动带的作用。

技术要求

未注圆角 R2。

6	垫圈 16	1	Q235A	GB/T 97.1
5	螺母 M16	1	Q235A	GB/T 6170
4	托架	1	HT200	
3	衬套	1	ZQSD6-6-3	
2	滑轮	1	ZA13	
1	心轴	1	45	
序号	名　称	数量	材　料	备　注

低速滑轮		比例	1：2	
		件数		
制图		重量		第 张 共 张
描图				
审核				

看低速滑轮装配图并回答问题：

（1）$\phi30H8/f7$ 是基（　）制（　）配合，H8 为（　）号件的公差带，f7 为（　）号零件的公差带。

（2）装配图的总宽为（　），总高为（　）。

（3）拆画托架 4、心轴 1 的零件图（按图形大小绘制，不标尺寸）。

看低速滑轮装配图并回答问题:

（1）φ30H8/f7 是基（ ）制（ ）配合，H8 为（ ）件的公差带，f7 为（ ）号零件的公差带。

（2）装配图的总宽为（ ），总高为（ ）。

（3）拆画托架 4、心轴 1 的零件图（按图形大小绘制，不标尺寸）。

答：（1）φ30H8/f7 是（基孔）制（间隙）配合，H8 为（3）号件的公差带，f7 为（1）件的公差带。

（2）装配图的总宽为（101），总高为（138）。

（3）托架 4、心轴 1 的零件图如下：

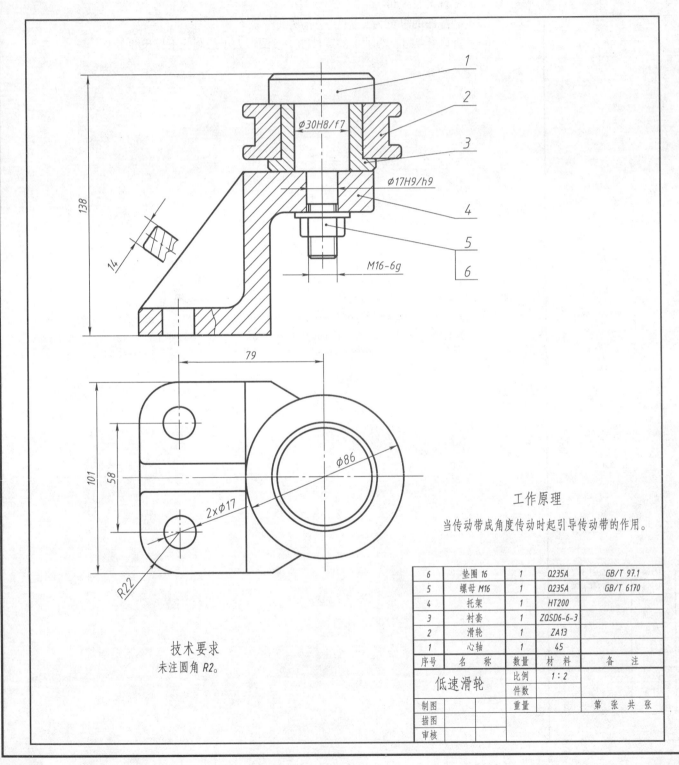

工作原理

当传动带成角度传动时起引导传动带的作用。

技术要求

未注圆角 R2。

6	垫圈 16	1	Q235A	GB/T 97.1
5	螺母 M16	1	Q235A	GB/T 6170
4	托架	1	HT200	
3	衬套	1	ZQSD6-6-3	
2	滑轮	1	ZA13	
1	心轴	1	45	
序号	名 称	数量	材 料	备 注

低速滑轮	比例	1:2		
	件数			
制图		重量		第 张 共 张
描图				
审核				

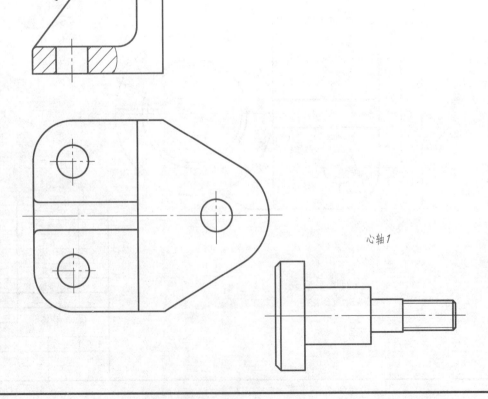

托架 4

心轴 1

看懂管钳装配图并回答问题：

（1）装配图采用了（　　）个基本视图，其中主视图采用了（　　）剖视，俯视图采用了（　　）视，左视图采用了（　　）视。

（2）当螺杆旋转上升时，滑块在（　　）号零件作用下也随之上升。

（3）管钳的外形尺寸是（　　）、（　　）、（　　）。

（4）按图上比例拆画钳座1、螺杆2的零件图（不标尺寸）。

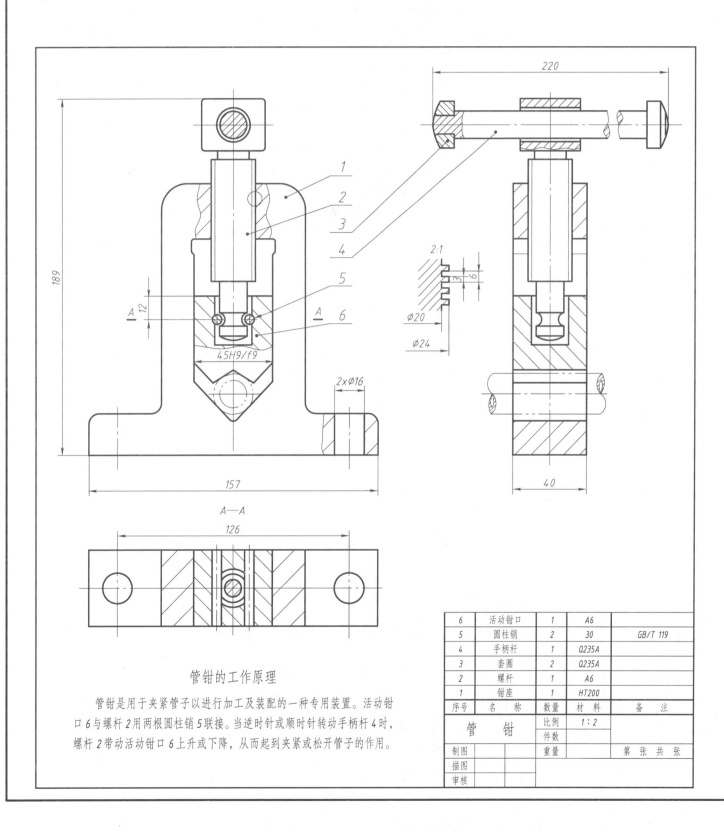

2:1

Ø20

Ø24

220

40

189

157

126

A—A

12

45H9/f9

2×Ø16

A

A

管钳的工作原理

　　管钳是用于夹紧管子以进行加工及装配的一种专用装置。活动钳口6与螺杆2用两根圆柱销5联接。当逆时针或顺时针转动手柄杆4时，螺杆2带动活动钳口6上升或下降，从而起到夹紧或松开管子的作用。

6	活动钳口	1	A6	
5	圆柱销	2	30	GB/T 119
4	手柄杆	1	Q235A	
3	套圈	2	Q235A	
2	螺杆	1	A6	
1	钳座	1	HT200	
序号	名　称	数量	材　料	备　注

管　钳		比例	1：2	
		件数		
制图		重量		第 张 共 张
描图				
审核				

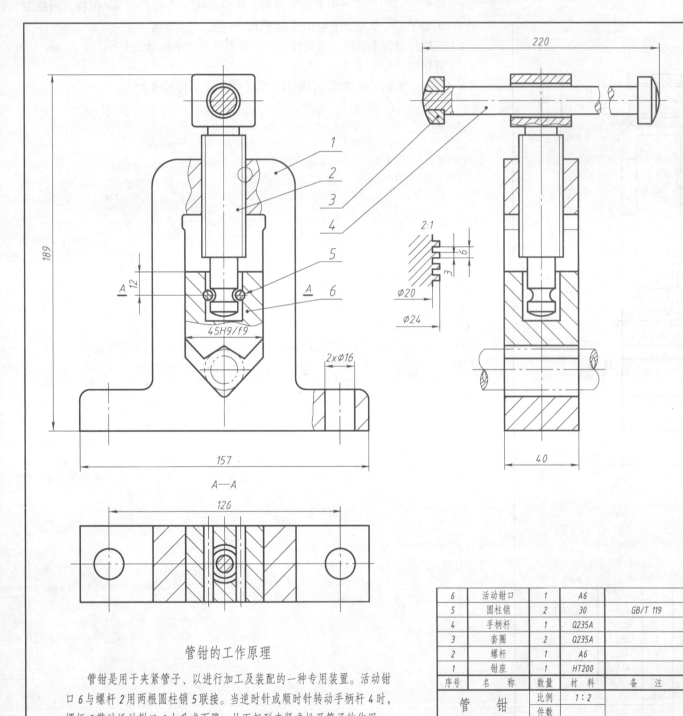

看懂管钳装配图并回答问题：

（1）装配图采用了（ ）个基本视图，其中主视图采用了（ ）剖视，俯视图采用了（ ）视，左视图采用了（ ）视。

（2）当螺杆旋转上升时，滑块在（ ）号零件作用下也随之上升。

（3）管钳的外形尺寸是（ ）、（ ）、（ ）。

（4）按图上比例拆画钳座 1、螺杆 2 的零件图（不标尺寸）。

答：（1）装配图采用了（3）个基本视图，其中主视图采用了（局部）剖视，俯视图采用了（全剖）视，左视图采用了（全剖）视。

（2）当螺杆旋转上升时，滑块在（5）号零件作用下也随之上升。

（3）管钳的外形尺寸是（220）、（189）、（157）。

（4）钳座 1、螺杆 2 的零件图如下：

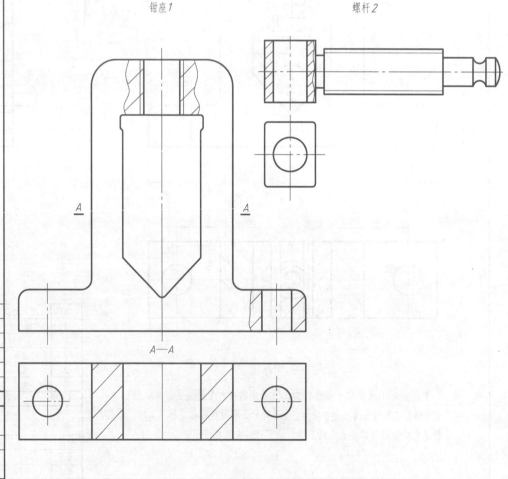

钳座 1   螺杆 2

管钳的工作原理

管钳是用于夹紧管子、以进行加工及装配的一种专用装置。活动钳口 6 与螺杆 2 用两根圆柱销 5 联接。当逆时针或顺时针转动手柄杆 4 时，螺杆 2 带动活动钳口 6 上升或下降，从而起到夹紧或松开管子的作用。

6	活动钳口	1	A6	
5	圆柱销	2	30	GB/T 119
4	手柄杆	1	Q235A	
3	套圈	2	Q235A	
2	螺杆	1	A6	
1	钳座	1	HT200	
序号	名　称	数量	材　料	备　注

管　钳		比例	1：2	
		件数		
制图		重量		第 张 共 张
描图				
审核				

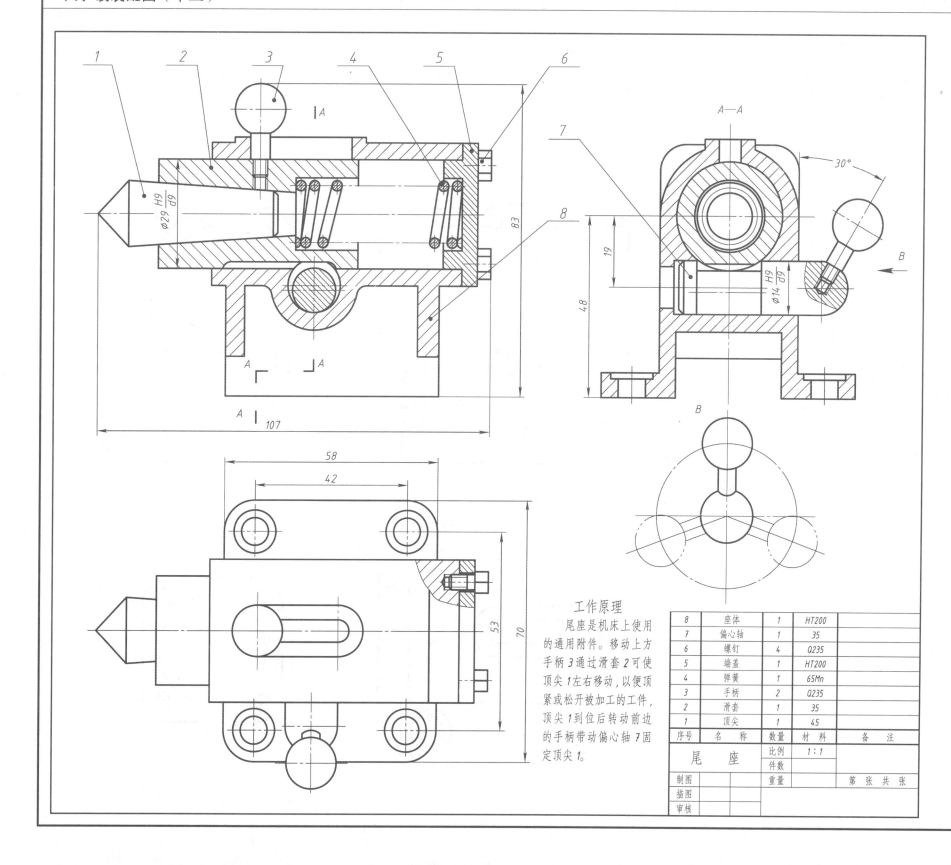

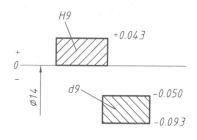

看懂尾座装配图，完成下列各题：

（1）图中 φ14H9/d9 公差带图见下图，根据图形完成填空：该配合是（ ）制，（ ）配合；φ14H9 基本偏差代号是（ ），标准公差等级是（ ）；φ14d9 的上极限偏差是（ ），下极限偏差是（ ）；最大极限尺寸是（ ），最小极限尺寸是（ ）。

（2）拆画滑套2、座体8 的零件图（尺寸从图上直接量取，不标尺寸）。

工作原理

尾座是机床上使用的通用附件。移动上方手柄3通过滑套2可使顶尖1左右移动，以便顶紧或松开被加工的工件，顶尖1到位后转动前边的手柄带动偏心轴7固定顶尖1。

8	座体	1	HT200	
7	偏心轴	1	35	
6	螺钉	4	Q235	
5	端盖	1	HT200	
4	弹簧	1	65Mn	
3	手柄	2	Q235	
2	滑套	1	35	
1	顶尖	1	45	
序号	名 称	数量	材 料	备 注

尾 座	比例	1：1	
	件数		
制图		重量	
描图			第张共张
审核			

答：（1）该配合是（基孔）制（间隙）配合；φ14H9 基本偏差代号是（H），
标准公差等级是（IT9）；φ14d9 的上极限偏差是（-0.050），下极
限偏差是（-0.093）；最大极限尺寸是（13.950），最小极限尺寸
是（13.907）。

（2）滑套 2、座体 8 的零件图：

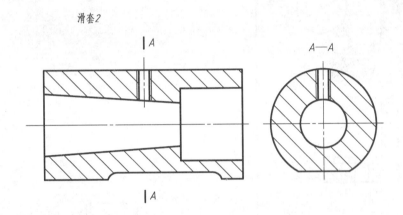

滑套2

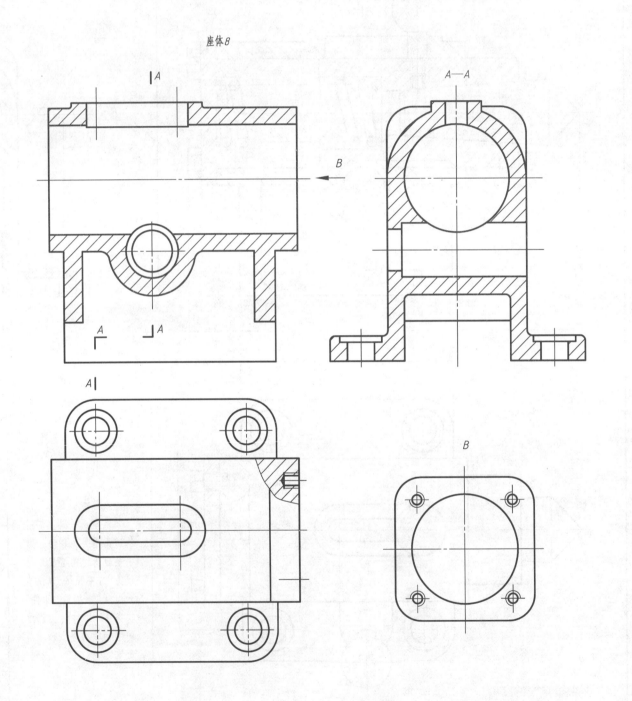

座体8

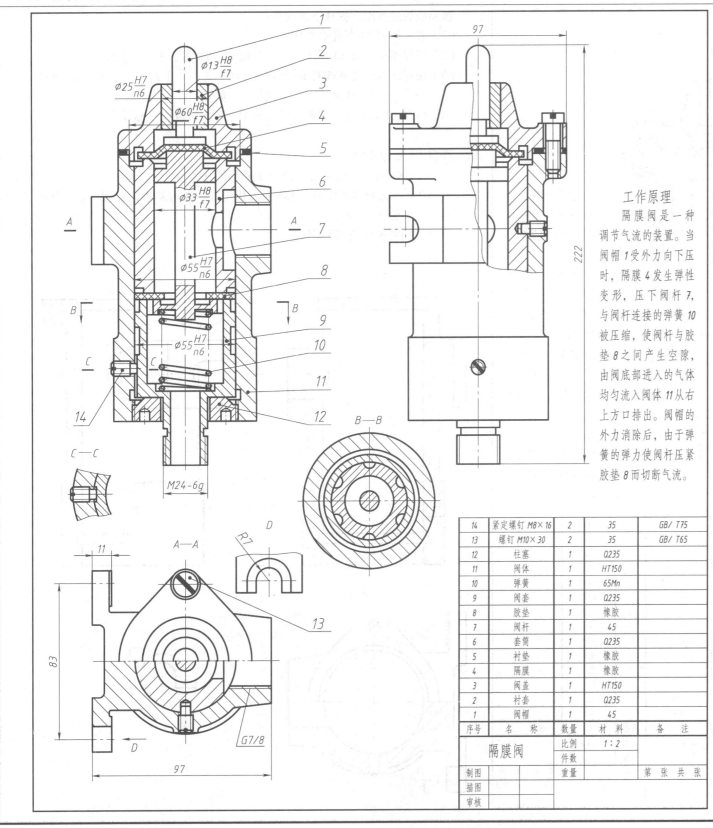

14	紧定螺钉 M8×16	2	35	GB/T75
13	螺钉 M10×30	2	35	GB/T65
12	柱塞	1	Q235	
11	阀体	1	HT150	
10	弹簧	1	65Mn	
9	阀套	1	Q235	
8	胶垫	1	橡胶	
7	阀杆	1	45	
6	套筒	1	Q235	
5	衬垫	1	橡胶	
4	隔膜	1	橡胶	
3	阀盖	1	HT150	
2	衬套	1	Q235	
1	阀帽	1	45	
序号	名 称	数量	材料	备 注

工作原理

隔膜阀是一种调节气流的装置。当阀帽1受外力向下压时，隔膜4发生弹性变形，压下阀杆7，与阀杆连接的弹簧10被压缩，使阀杆与胶垫8之间产生空隙，由阀底部进入的气体均匀流入阀体11从右上方口排出。阀帽的外力消除后，由于弹簧的弹力使阀杆压紧胶垫8而切断气流。

隔膜阀 比例 1:2

件数

制图 重量

描图

审核 第 张 共 张

读隔膜阀装配图，完成下列问题：

（1）紧定螺钉14起什么作用？

（2）俯视图中尺寸83属于（ ）尺寸，97属于（ ）尺寸。

（3）说明配合尺寸 $\phi55H7/n6$ 的含义：属于（ ）制（ ）配合，$\phi55$ 是（ ），H是（ ）代号，7是（ ）。

（4）拆画阀体11的零件图（尺寸从图上直接量取，不标尺寸）。

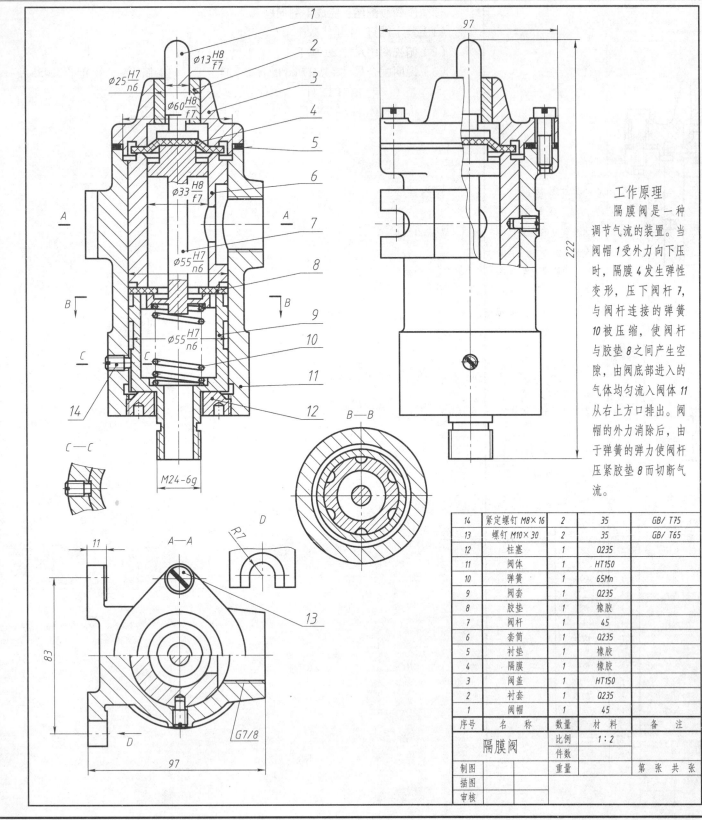

工作原理

隔膜阀是一种调节气流的装置。当阀帽1受外力向下压时，隔膜4发生弹性变形，压下阀杆7，与阀杆连接的弹簧10被压缩，使阀杆与胶垫8之间产生空隙，由阀底部进入的气体均匀流入阀体11从右上方口排出。阀帽的外力消除后，由于弹簧的弹力使阀杆压紧胶垫8而切断气流。

14	紧定螺钉 M8×16	2	35	GB/ T75
13	螺钉 M10×30	2	35	GB/ T65
12	柱塞	1	Q235	
11	阀体	1	HT150	
10	弹簧	1	65Mn	
9	阀套	1	Q235	
8	胶垫	1	橡胶	
7	阀杆	1	45	
6	套筒	1	Q235	
5	衬垫	1	橡胶	
4	隔膜	1	橡胶	
3	阀盖	1	HT150	
2	衬套	1	Q235	
1	阀帽	1	45	
序号	名 称	数量	材 料	备 注
	隔膜阀	比例	1:2	
		件数		
制图		重量		第 张共 张
描图				
审核				

读隔膜阀装配图，完成下列问题：
（1）紧定螺钉 14 起什么作用?
（2）俯视图中尺寸 83 属于（   ）尺寸，97 属于（   ）尺寸。
（3）说明配合尺寸 φ55H7/n6 的含义：属于（   ）制（   ）配合，φ55 是（   ），H 是（   ）代号，7 是（   ）。
（4）拆画阀体 11 的零件图（尺寸从图上直接量取，不标尺寸）。

答：（1）定位作用。
（2）83 属于安装尺寸，97 属于外形尺寸。
（3）基孔制过渡配合，φ55 为公称尺寸，H 为基本偏差代号，7 为标准公差等级。
（4）阀体 11 的零件图如下：

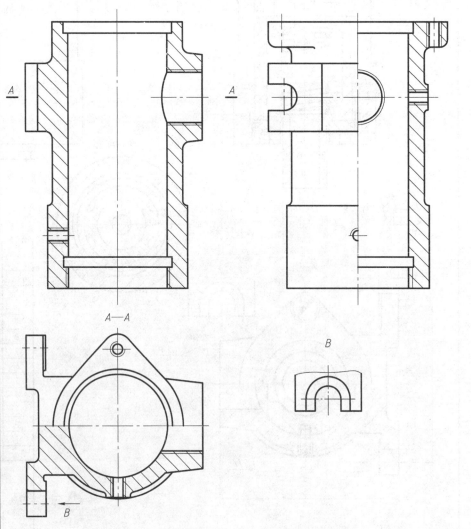

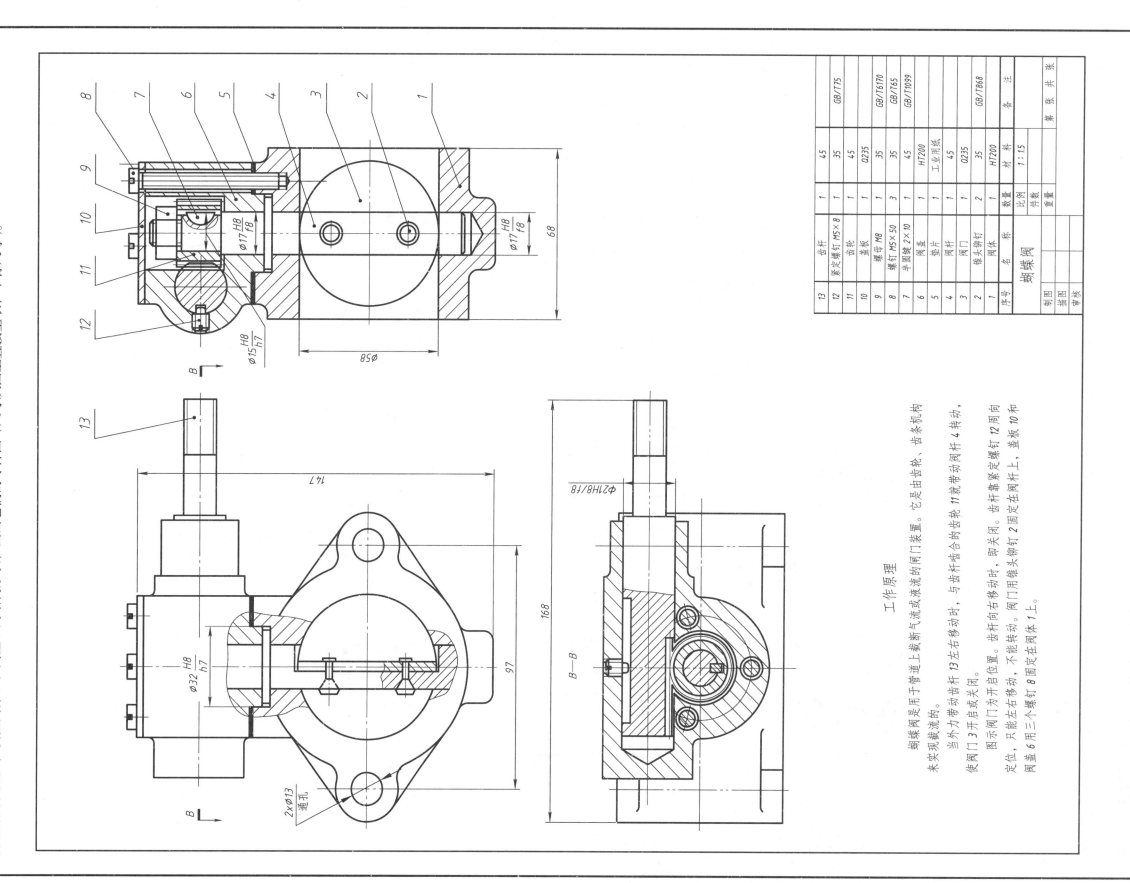

四、读装配图（十五）*

读蝴蝶阀装配图，读懂阀体 1 和阀盖 6 的结构形状，画出它们的零件图（尺寸从图上直接量取，不标尺寸）。

13	齿杆	1	45	
12	紧定螺钉 M5×8	1	35	GB/T75
11	齿轮	1	45	
10	盖板	1	Q235	
9	螺母 M8	1	35	GB/T6170
8	螺钉 M5×50	3	35	GB/T65
7	半圆键 2×10	1	45	GB/T1099
6	阀盖	1	HT200	
5	垫片	1	工业用纸	
4	阀杆	1	45	
3	阀门	1	Q235	
2	锥头铆钉	2	35	GB/T868
1	阀体	1	HT200	
序号	名 称	数量	材 料	备 注

蝴蝶阀		
制图	比例 1:15	第 张 共 张
描图	件数	
审核	重量	

工作原理

　　蝴蝶阀是用于管道上截断气流或液流的闸门装置。它是由齿轮、齿条机构来实现截流的。

　　当外力带动齿杆 13 左右移动时，与齿杆啮合的齿轮 11 就带动阀杆 4 转动，使阀门 3 开启或关闭。齿杆向右移动时，即关闭。

　　图示阀门为开启位置。阀门只能左右移动，不能转动。齿杆靠紧定螺钉 12 周向定位，只能左右移动，不能转动。阀门用锥头铆钉 2 固定在阀杆上，盖板 10 和阀盖 6 用三个螺钉 8 固定在阀体 1 上。

· 93 ·

四、读装配图（十五）*答案（实体图见 P111）

读蝶阀装配图，读懂阀体 1 和阀盖 6 的结构形状，画出它们的零件图（尺寸从图上直接量取，不标尺寸）。

阀体1

阀盖6

B—B

· 94 ·

看懂三元子泵装配图，完成下列问题：

（1）图中尺寸94、88分别是什么尺寸？

（2）图零件9 D—D是一种什么表达方法？

（3）拆画13号泵体的零件图（尺寸从图上直接量取，不标尺寸）。

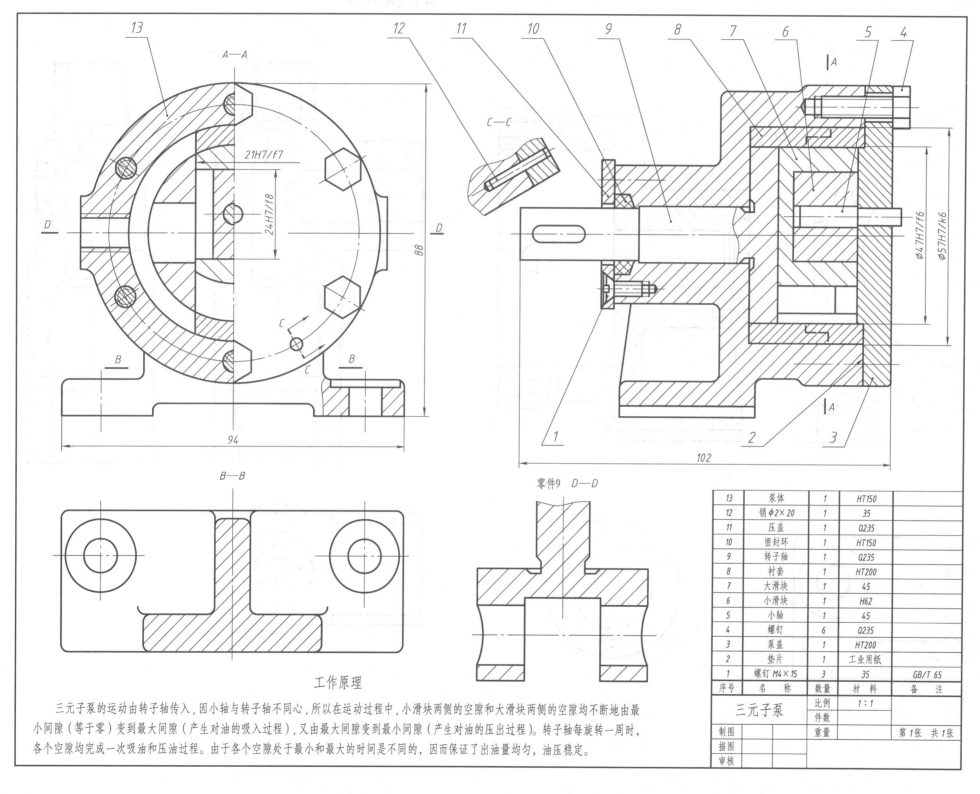

A—A

21H7/f7

24H7/f8

88

94

B—B

C—C

零件9 D—D

102

工作原理

三元子泵的运动由转子轴传入，因小轴与转子轴不同心，所以在运动过程中，小滑块两侧的空隙和大滑块两侧的空隙均不断地由最小间隙（等于零）变到最大间隙（产生对油的吸入过程），又由最大间隙变到最小间隙（产生对油的压出过程）。转子轴每旋转一周时，各个空隙均完成一次吸油和压油过程。由于各个空隙处于最小和最大的时间是不同的，因而保证了出油量均匀，油压稳定。

13	泵体	1	HT150	
12	销φ2×20	1	35	
11	压盖	1	Q235	
10	密封环	1	HT150	
9	转子轴	1	Q235	
8	衬套	1	HT200	
7	大滑块	1	45	
6	小滑块	1	H62	
5	小轴	1	45	
4	螺钉	6	Q235	
3	泵盖	1	HT200	
2	垫片	1	工业用纸	
1	螺钉 M4×15	3	35	GB/T 65
序号	名　称	数量	材　料	备　注

三元子泵		比例	1:1	
		件数		
制图		重量		
描图				第1张 共1张
审核				

看懂三元子泵装配图，完成下列问题：

看手压阀装配图

答：（1）94.88 均为外形尺寸。

（2）单独表示某个零件的方法。

（3）泵体的零件图如下：

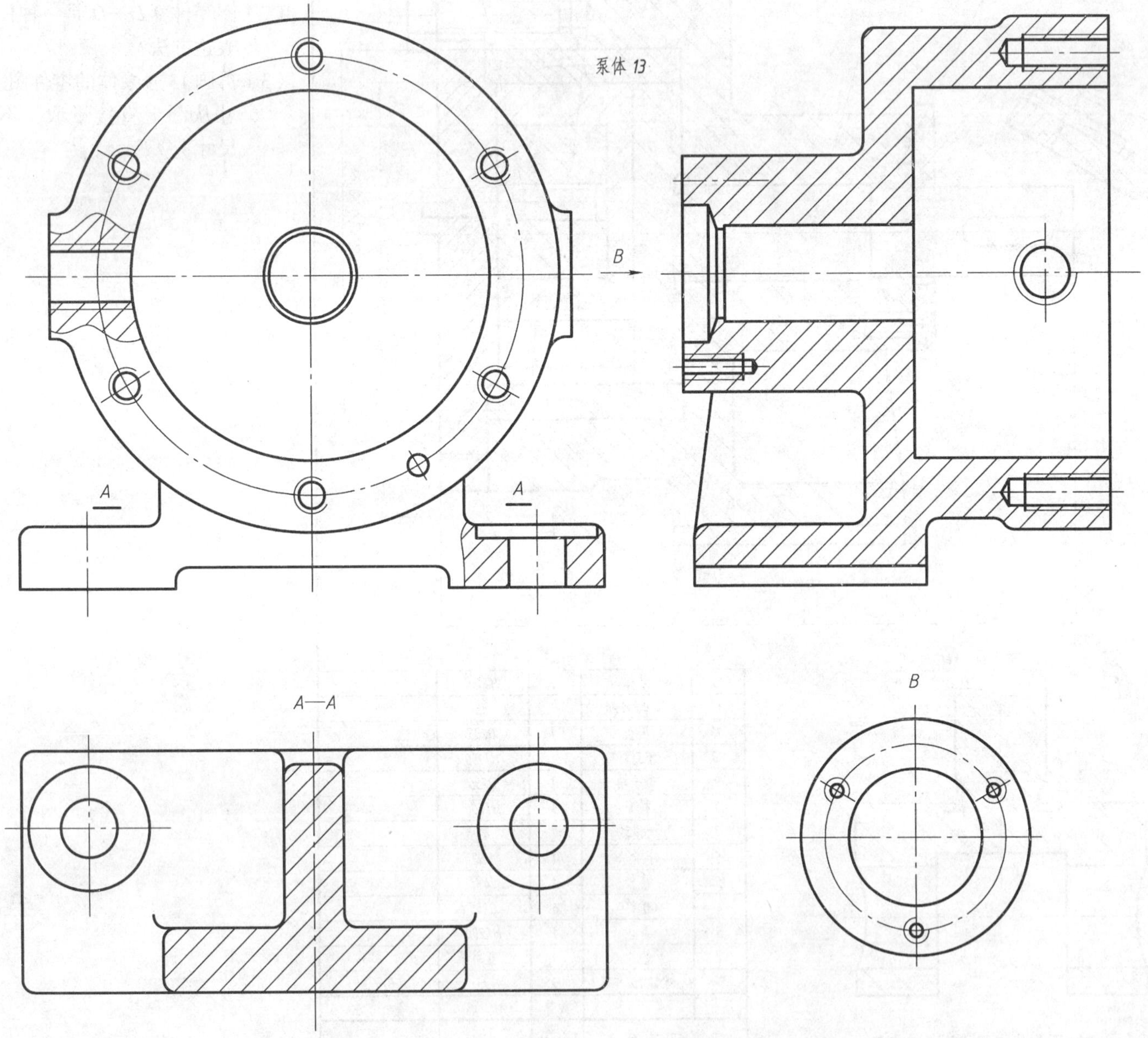

阀座 3

泵体 13

A

A

A—A

B

B

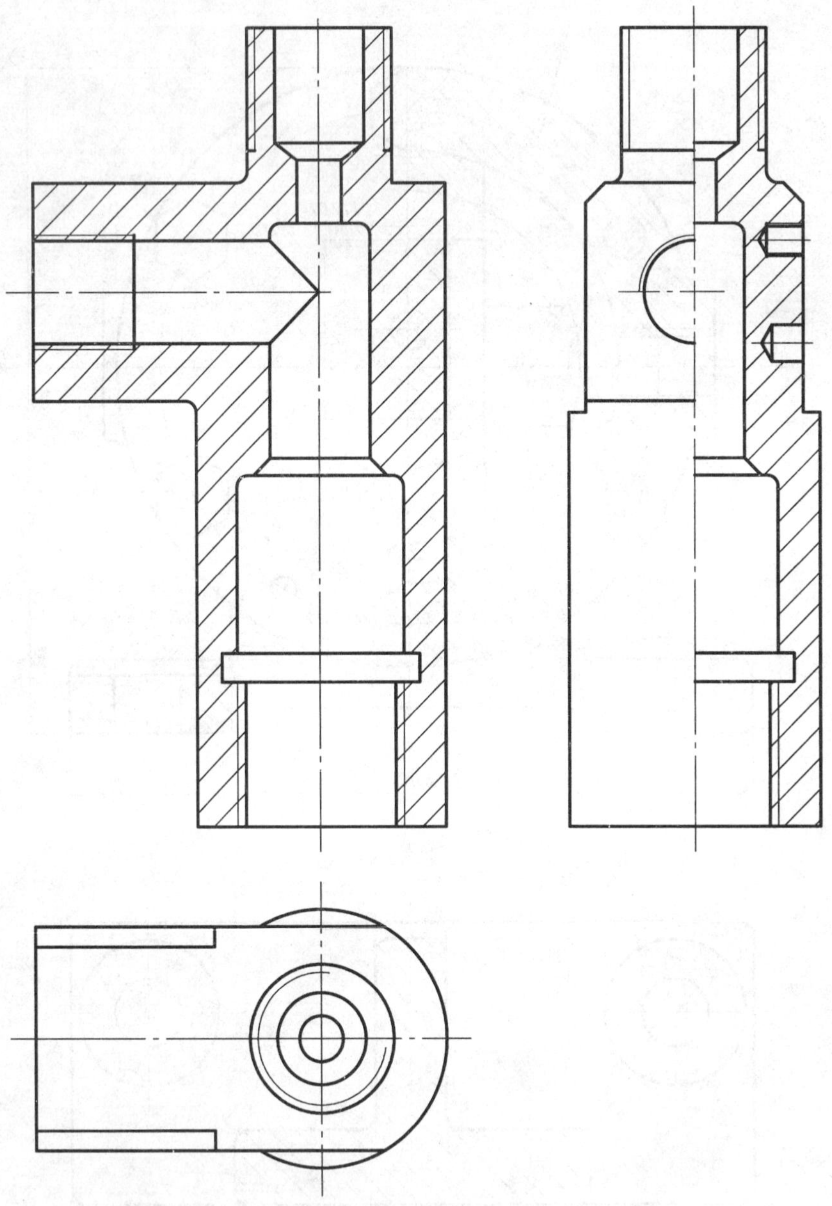

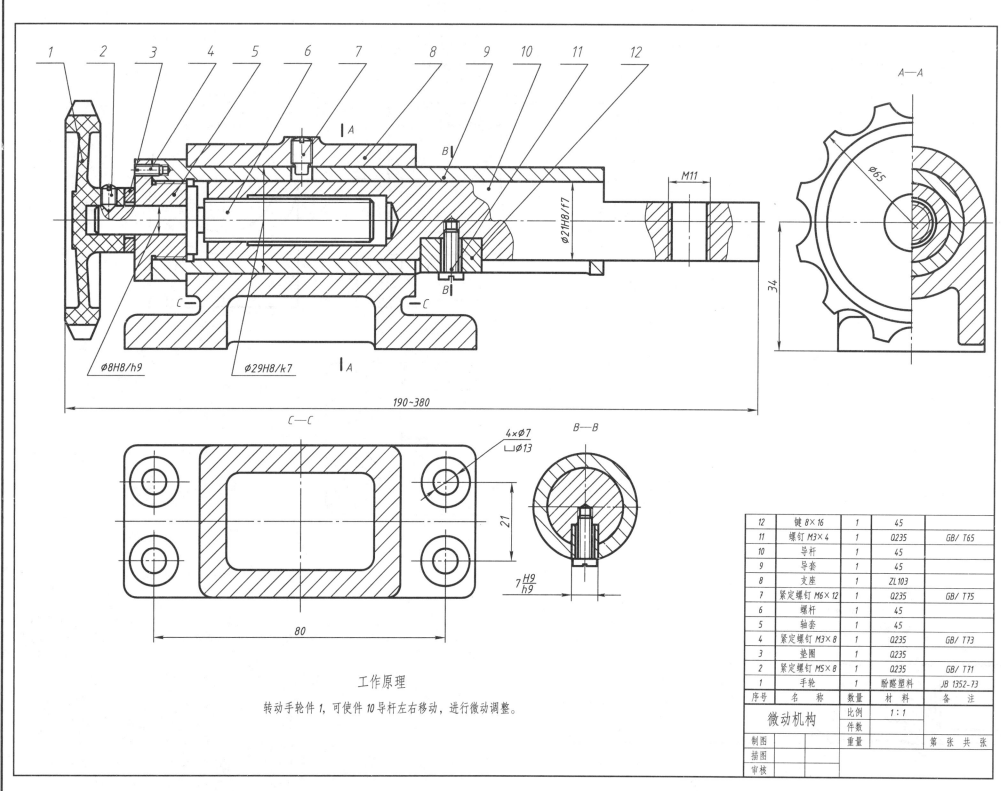

看微动机构装配图并回答问题：

（1）图中尺寸21、80属于哪类尺寸？

（2）配合尺寸 φ29H8/k7 是（　　）号零件与（　　）号零件的配合代号,该配合为（　　）制（　　）配合。

（3）按图中比例拆画支座8、导杆10的零件图（尺寸从图中直接量取，不标尺寸）。

工作原理

转动手轮件1,可使件10导杆左右移动,进行微动调整。

12	键8×16	1	45	
11	螺钉 M3×4	1	Q235	GB/T65
10	导杆	1	45	
9	导套	1	45	
8	支座	1	ZL103	
7	紧定螺钉 M6×12	1	Q235	GB/T75
6	螺杆	1	45	
5	轴套	1	45	
4	紧定螺钉 M3×8	1	Q235	GB/T73
3	垫圈	1	Q235	
2	紧定螺钉 M5×8	1	Q235	GB/T71
1	手轮	1	酚醛塑料	JB 1352-73
序号	名　称	数量	材料	备　注

微动机构	比例	1：1		
	件数			
制图		重量		第　张　共　张
描图				
审核				

看微动机构装配图并回答问题：

（1）图中尺寸 21、80 属于哪类尺寸？

（2）配合尺寸 $\phi29H8/k7$ 是（ ）号零件与（ ）号零件的配合代号，该配合为（ ）制（ ）配合。

（3）按图中比例拆画支座 8、导杆 10 的零件图（尺寸从图中直接量取，不标尺寸）。

答：（1）图中尺寸 21、80 均属于安装尺寸。

（2）$\phi29H8/k7$ 是（8）号零件与（9）号零件的配合代号，该配合为（基孔）制（过渡）配合。

（3）支座 8、导杆 10 的零件图如下：

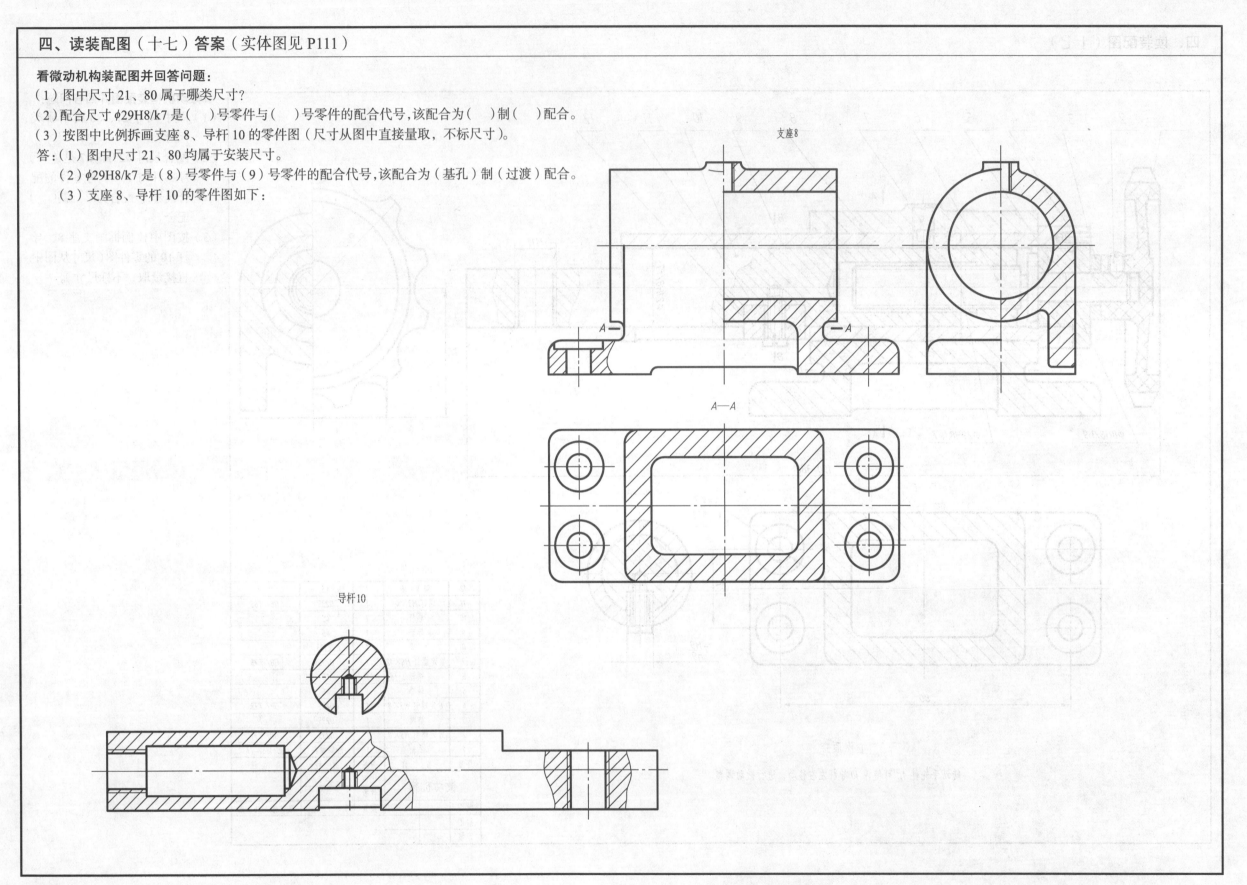

支座8

A—A

导杆10

工作原理

当主动齿轮带动从动齿轮转动时，进油口孔处形成真空，油在大气压的作用下进入进油管，填满齿槽，然后被带到出油口孔处，把油压入出油管，送到各润滑管路中。

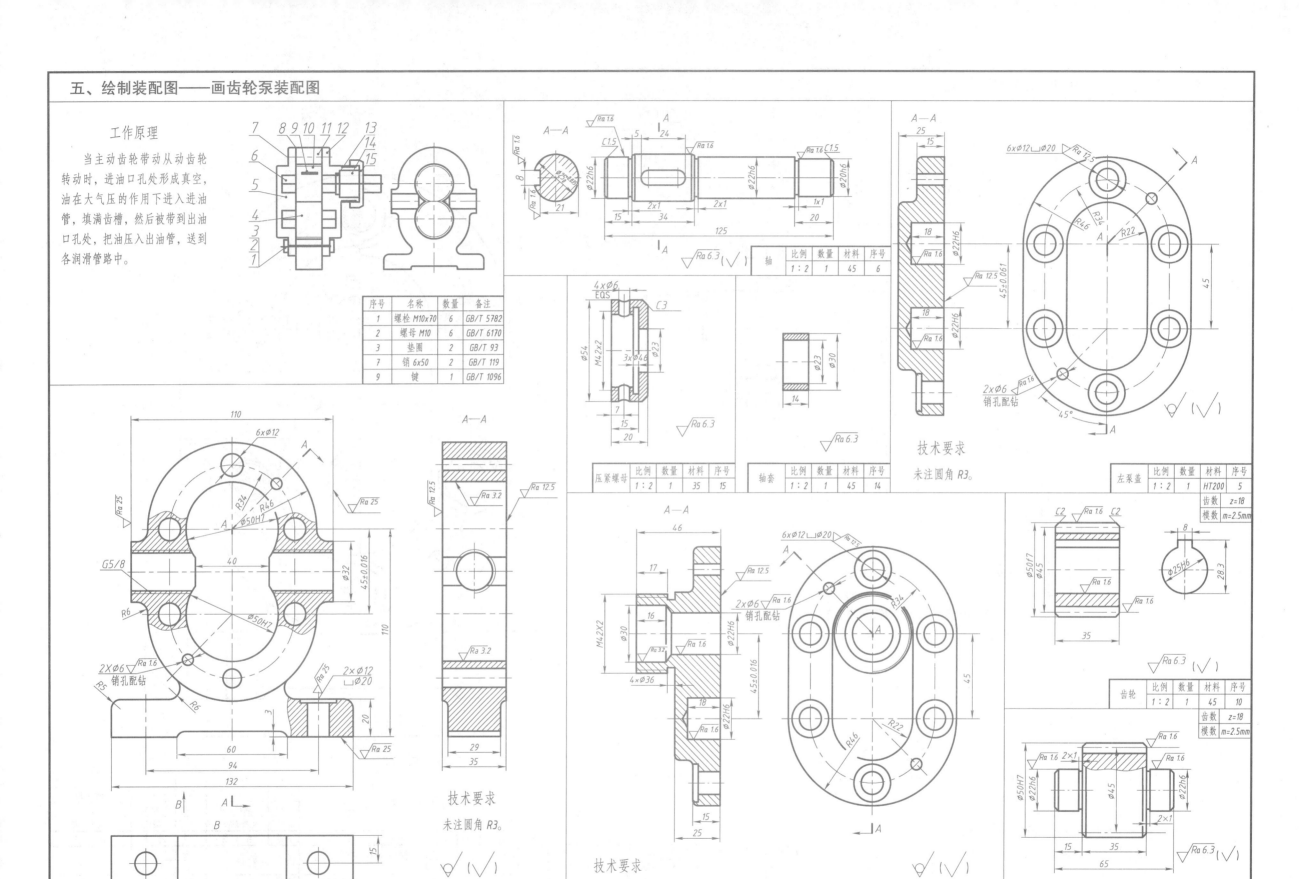

序号	名称	数量	备注
1	螺栓 M10x70	6	GB/T 5782
2	螺母 M10	6	GB/T 6170
3	垫圈	2	GB/T 93
7	销 6x50	2	GB/T 119
9	键	1	GB/T 1096

轴	比例	数量	材料	序号
	1:2	1	45	6

压紧螺母	比例	数量	材料	序号
	1:2	1	35	15

轴套	比例	数量	材料	序号
	1:2	1	45	14

技术要求
未注圆角 R3。

左泵盖	比例	数量	材料	序号
	1:2	1	HT200	5
	齿数		z=18	
	模数		m=2.5mm	

齿轮	比例	数量	材料	序号
	1:2	1	45	10
	齿数		z=18	
	模数		m=2.5mm	

技术要求
未注圆角 R3。

泵体	比例	数量	材料	序号
	1:2	1	HT200	11

技术要求
未注圆角 R3。

右泵盖	比例	数量	材料	序号
	1:2	1	HT200	12

齿轮轴	比例	数量	材料	序号
	1:2	1	45	4

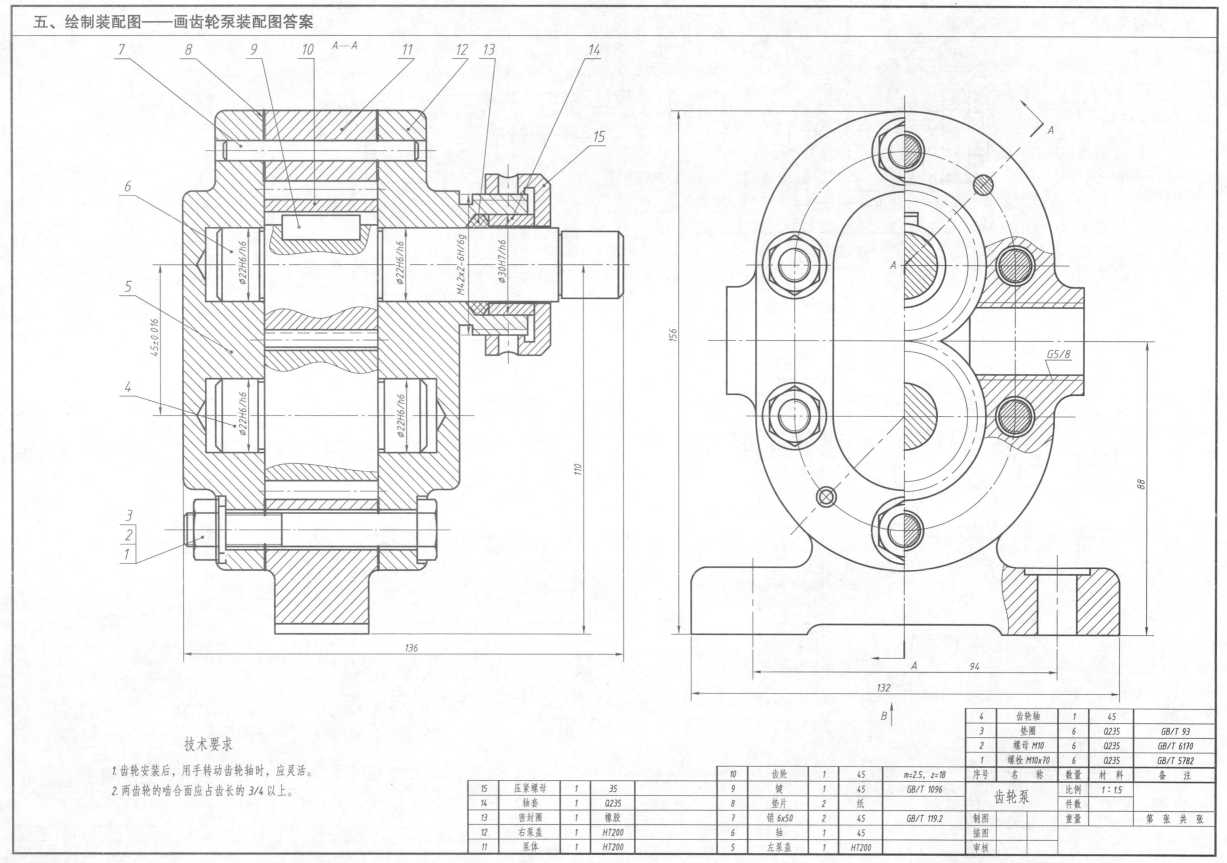

技术要求

1. 齿轮安装后，用手转动齿轮轴时，应灵活。

2. 两齿轮的啮合面应占齿长的 3/4 以上。

15	压紧螺母	1	35	
14	轴套	1	Q235	
13	密封圈	1	橡胶	
12	右泵盖	1	HT200	
11	泵体	1	HT200	

10	齿轮	1	45	m=2.5, z=18
9	键	1	45	GB/T 1096
8	垫片	2	纸	
7	销 6x50	2	45	GB/T 119.2
6	轴	1	45	
5	左泵盖	1	HT200	

4	齿轮轴	1	45	
3	垫圈	6	Q235	GB/T 93
2	螺母 M10	6	Q235	GB/T 6170
1	螺栓 M10x70	6	Q235	GB/T 5782
序号	名　称	数量	材　料	备　注

| 齿轮泵 | | 比例 | 1：15 |
| | | 件数 | |

制图			重量		第 张 共 张
描图					
审核					

五、绘制装配图——画机用虎钳装配图

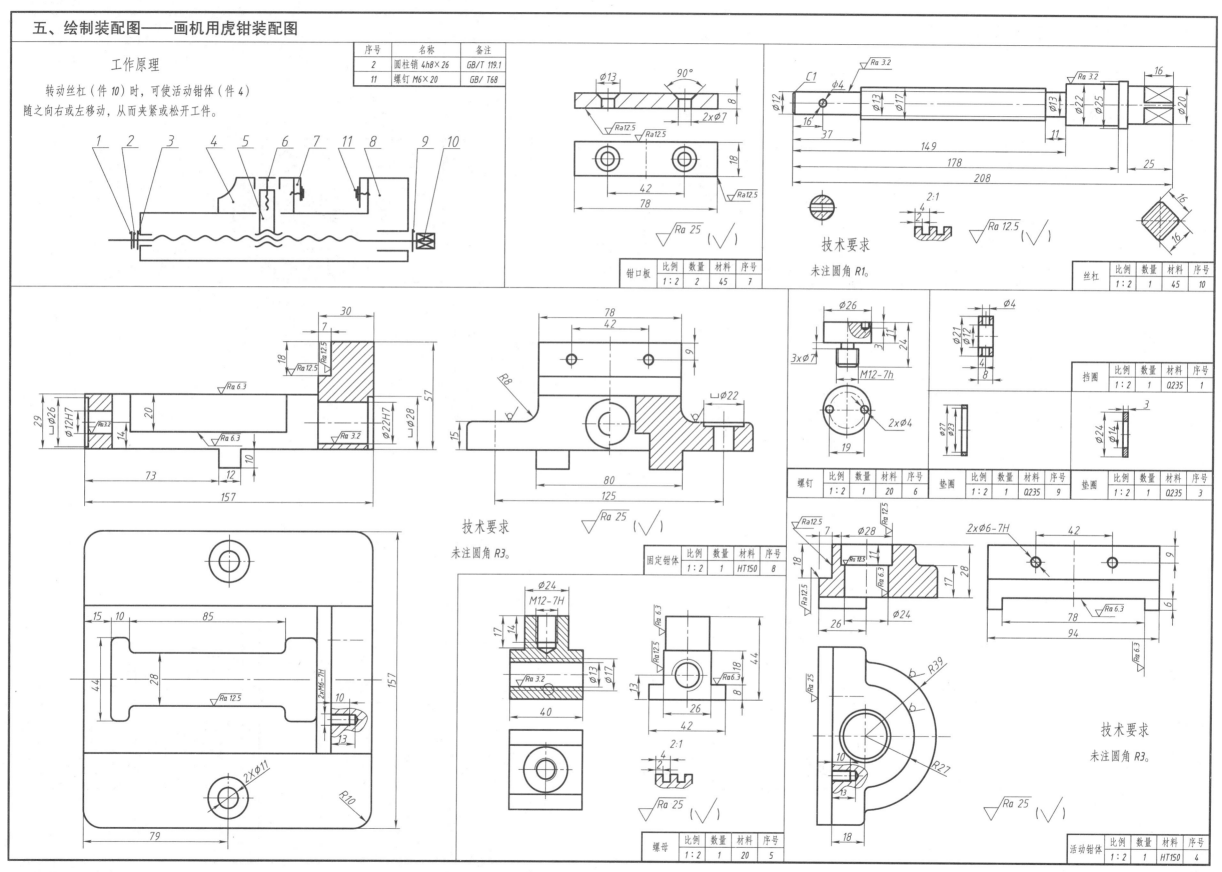

序号	名称	备注
2	圆柱销 4h8×26	GB/T 119.1
11	螺钉 M6×20	GB/ T68

工作原理

转动丝杠（件10）时，可使活动钳体（件4）随之向右或左移动，从而夹紧或松开工件。

钳口板	比例	数量	材料	序号
	1：2	2	45	7

技术要求

未注圆角 R1。

丝杠	比例	数量	材料	序号
	1：2	1	45	10

技术要求

未注圆角 R3。

固定钳体	比例	数量	材料	序号
	1：2	1	HT150	8

挡圈	比例	数量	材料	序号
	1：2	1	Q235	1

螺钉	比例	数量	材料	序号
	1：2	1	20	6

垫圈	比例	数量	材料	序号
	1：2	1	Q235	9

垫圈	比例	数量	材料	序号
	1：2	1	Q235	3

螺母	比例	数量	材料	序号
	1：2	1	20	5

技术要求

未注圆角 R3。

活动钳体	比例	数量	材料	序号
	1：2	1	HT150	4

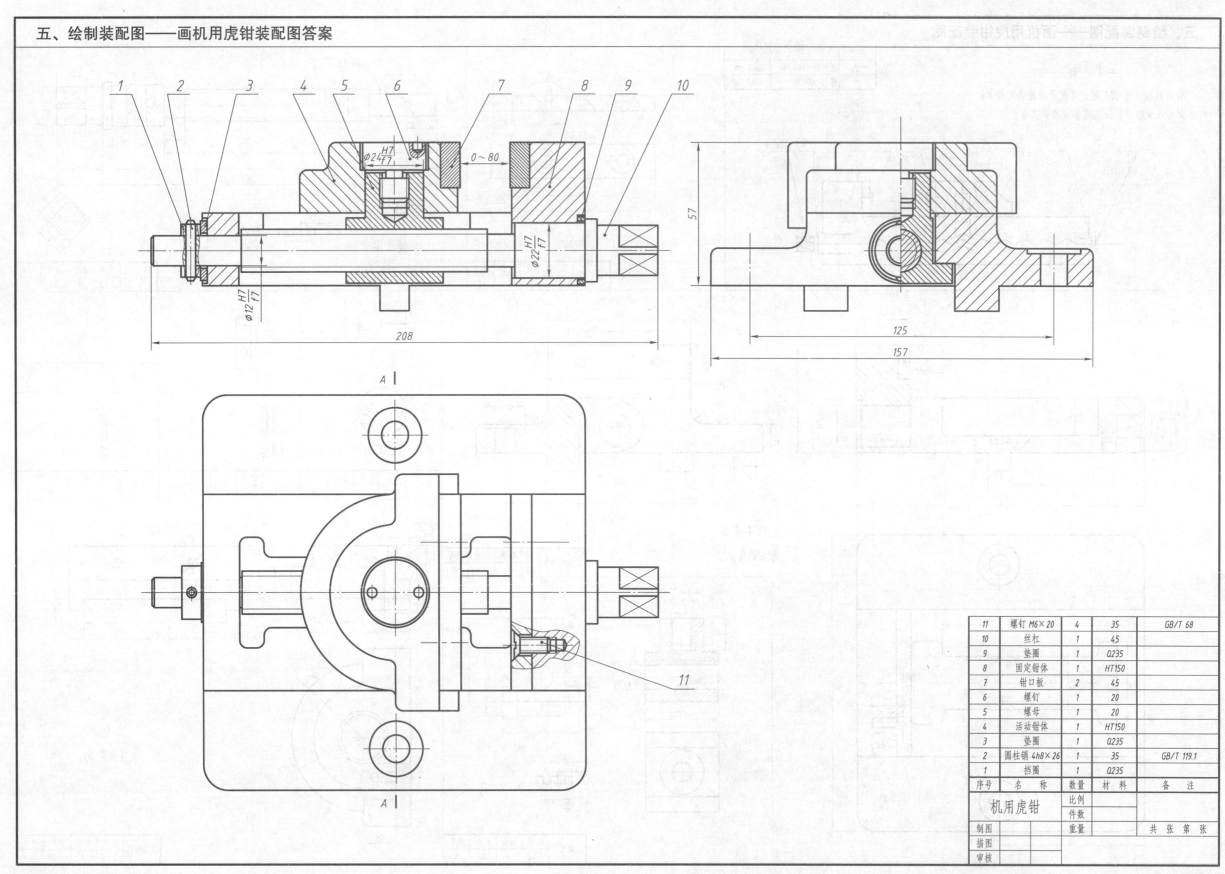

11	螺钉 M6×20	4	35	GB/T 68
10	丝杠	1	45	
9	垫圈	1	Q235	
8	固定钳体	1	HT150	
7	钳口板	2	45	
6	螺钉	1	20	
5	螺母	1	20	
4	活动钳体	1	HT150	
3	垫圈	1	Q235	
2	圆柱销 4h8×26	1	35	GB/T 119.1
1	挡圈	1	Q235	
序号	名　称	数量	材　料	备　注

机用虎钳

比例	
件数	

制图		重量		共 张 第 张
描图				
审核				

五、绘制装配图——绘制手动气阀装配图

手动气阀装配示意图

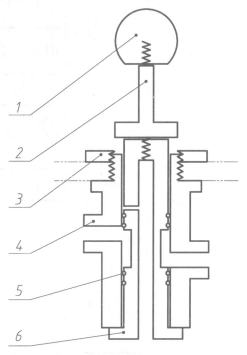

手动气阀工作原理

手动气阀是汽车上用的一种压缩空气开关机构。

当通过手柄球（序号1）和芯杆（序号2）将气阀杆（序号6）拉到最上位置时，如上图所示，储气筒与工作气缸接通。当气阀杆推到最下位置时，工作气缸与储气筒的通道被关闭，此时工作气缸通过气阀杆中心的孔道与大气接通。气阀杆和阀体（序号4）孔是间隙配合，装有O形密封圈（序号5）以防压缩空气泄漏。螺母（序号3）是固定手动气阀位置用的。

作业要求

根据装配示意图和零件图，了解部件的装配顺序，用1:2比例、A2图纸画出装配图。提示：采用主、俯、左三个视图，俯视图拆去零件1、2，局部视图、断面图等视具体情况而定。

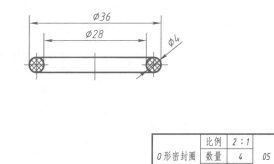

	比例	2:1	
O形密封圈	数量	4	05
	材料	橡胶	

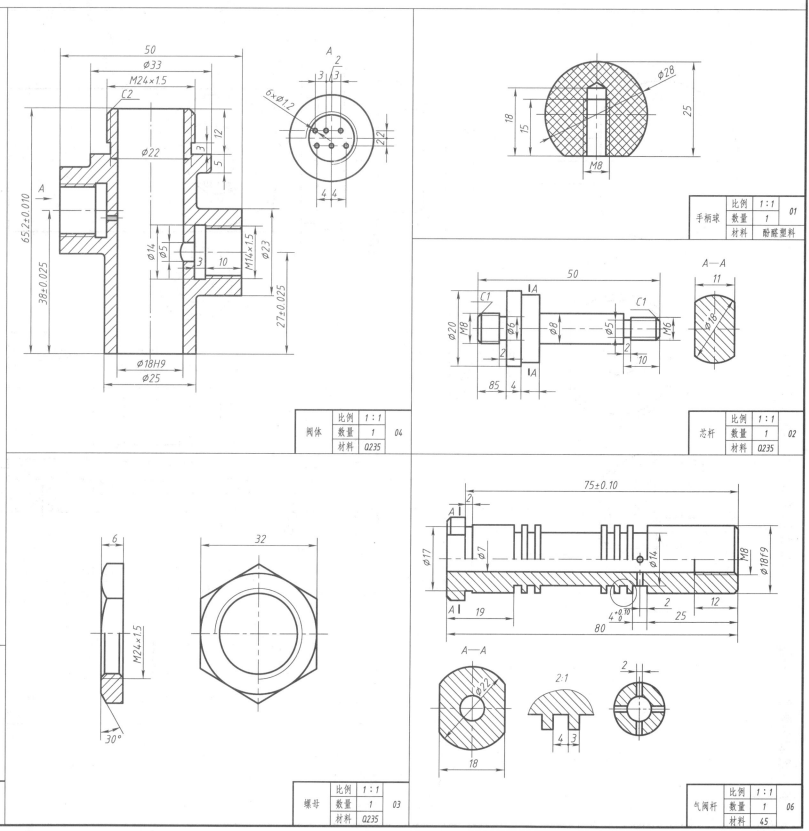

	比例	1:1	
手柄球	数量	1	01
	材料	酚醛塑料	

	比例	1:1	
阀体	数量	1	04
	材料	Q235	

	比例	1:1	
芯杆	数量	1	02
	材料	Q235	

	比例	1:1	
螺母	数量	1	03
	材料	Q235	

	比例	1:1	
气阀杆	数量	1	06
	材料	45	

五、绘制装配图——绘制手动气阀装配图答案（实体图见 P112）

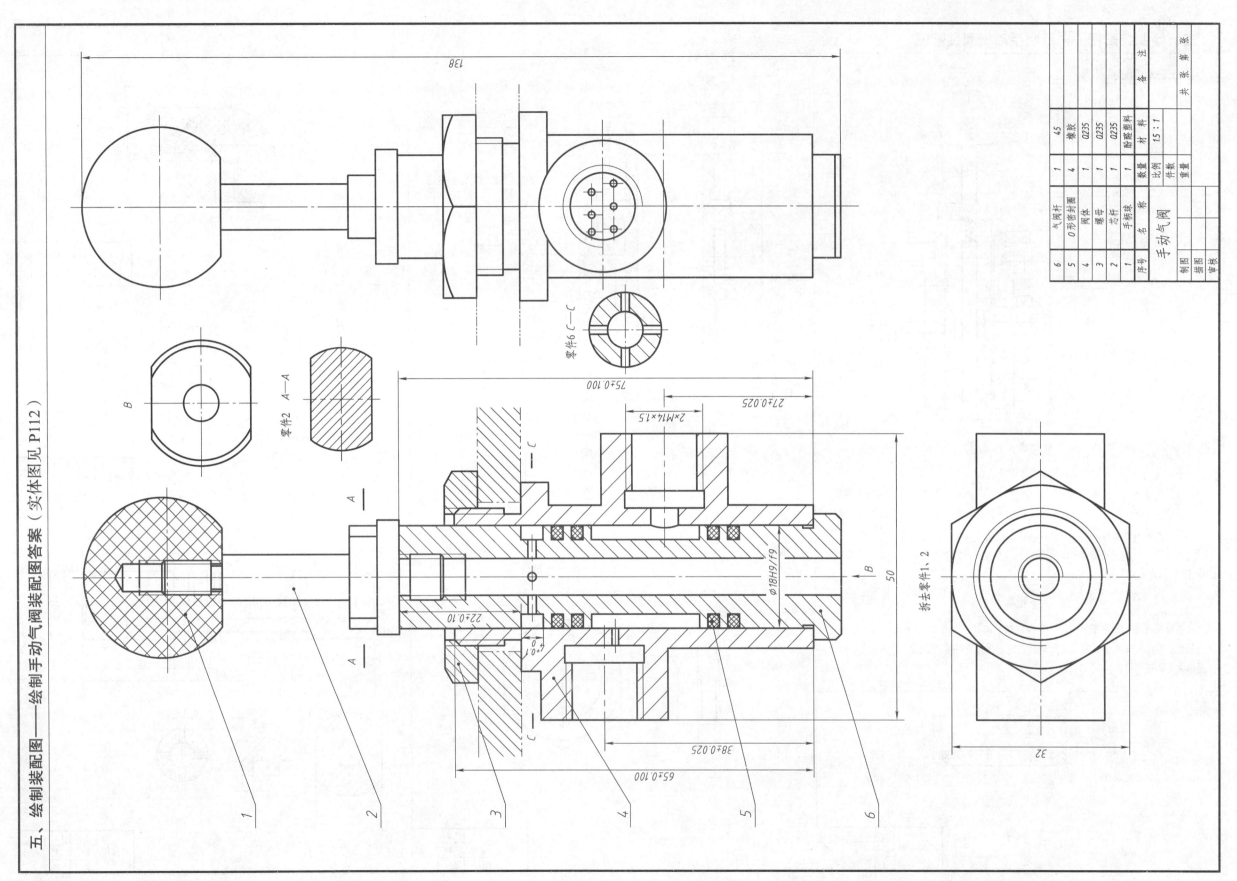

6		气阀杆	1	45	
5		O 形密封圈	4	橡胶	
4		阀体	1	Q235	
3		螺母	1	Q235	
2		芯件	1	Q235	
1		手柄	1	酚醛塑料	
序号		名 称	数量	材 料	备 注

手动气阀		比例	15：1		共 张 第 张
		件数			
		重量			
制图					
描图					
审核					

零件6 C—C

零件2 A—A

拆去零件1、2

· 104 ·

附录 1　部分章节三维实体图（一）

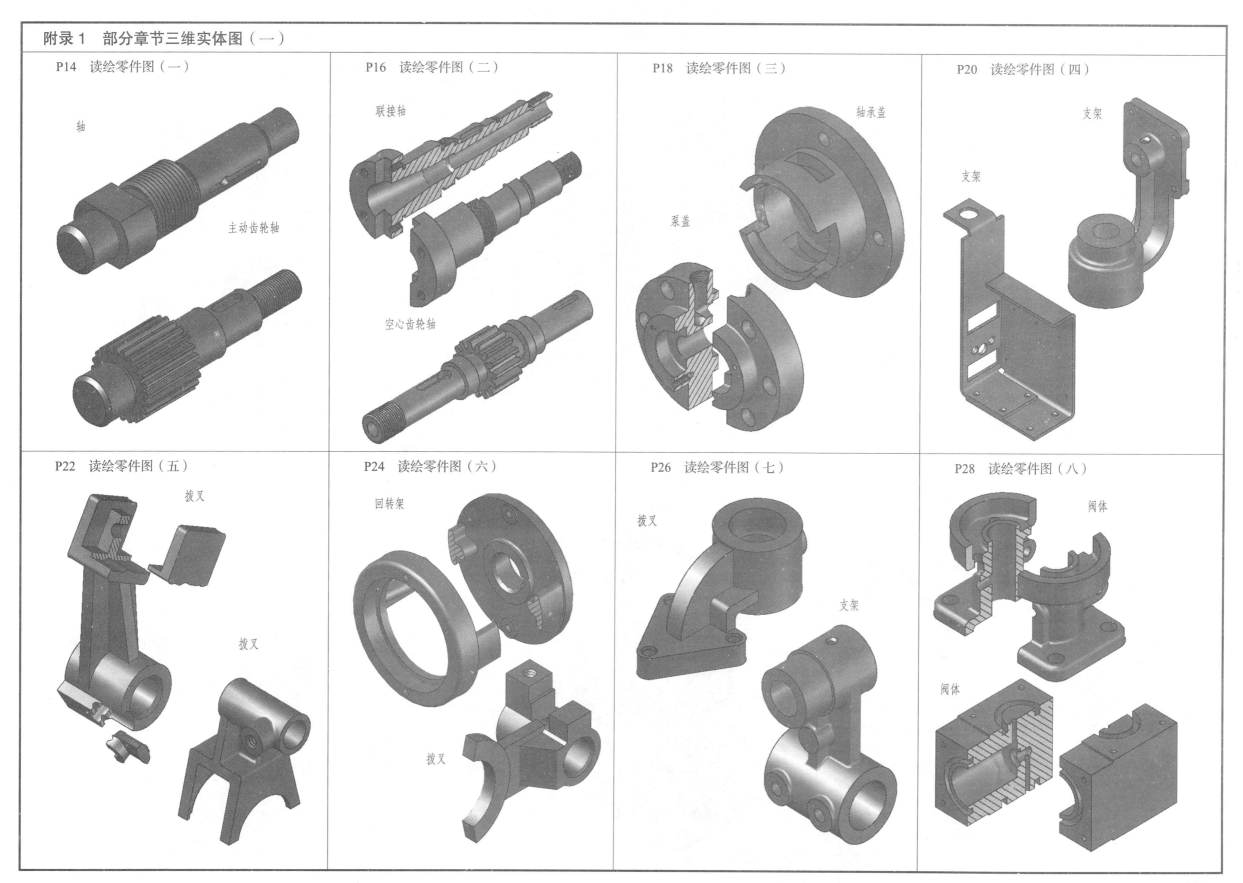

P14　读绘零件图（一）

轴

主动齿轮轴

P16　读绘零件图（二）

联接轴

空心齿轮轴

P18　读绘零件图（三）

轴承盖

泵盖

P20　读绘零件图（四）

支架

支架

P22　读绘零件图（五）

拨叉

拨叉

P24　读绘零件图（六）

回转架

拨叉

P26　读绘零件图（七）

拨叉

支架

P28　读绘零件图（八）

阀体

阀体

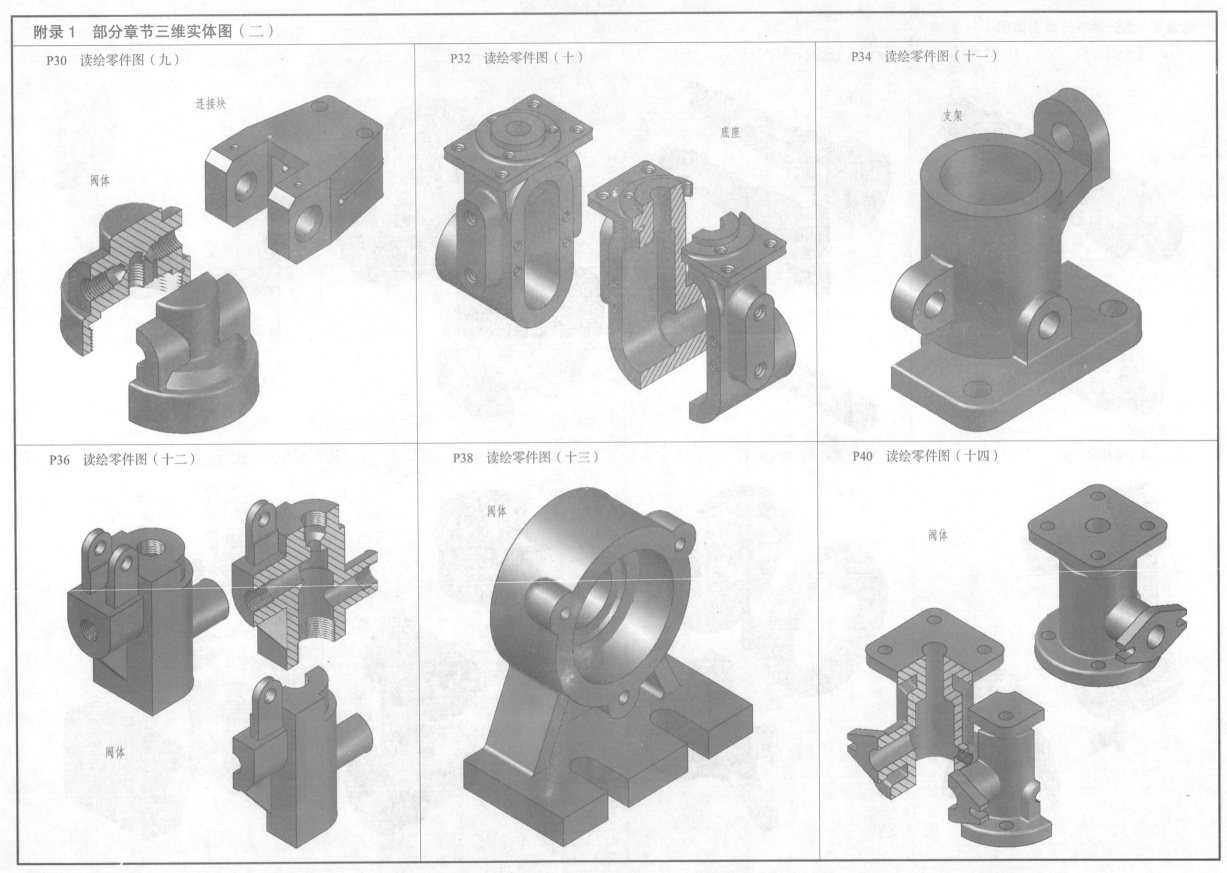

附录 1　部分章节三维实体图（二）

P30　读绘零件图（九）

连接块

阀体

P32　读绘零件图（十）

底座

P34　读绘零件图（十一）

支架

P36　读绘零件图（十二）

阀体

P38　读绘零件图（十三）

阀体

P40　读绘零件图（十四）

阀体

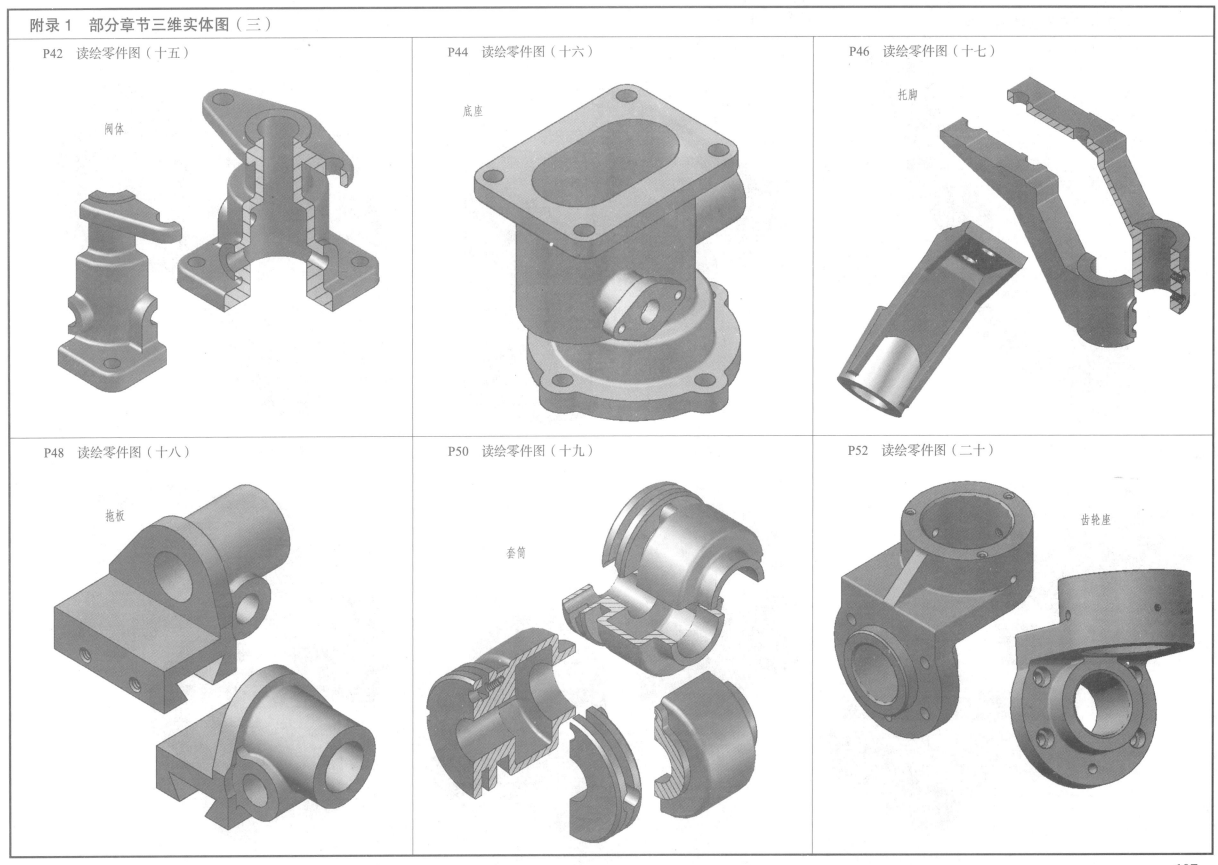

附录 1　部分章节三维实体图（三）

P42　读绘零件图（十五）

阀体

P44　读绘零件图（十六）

底座

P46　读绘零件图（十七）

托脚

P48　读绘零件图（十八）

拖板

P50　读绘零件图（十九）

套筒

P52　读绘零件图（二十）

齿轮座

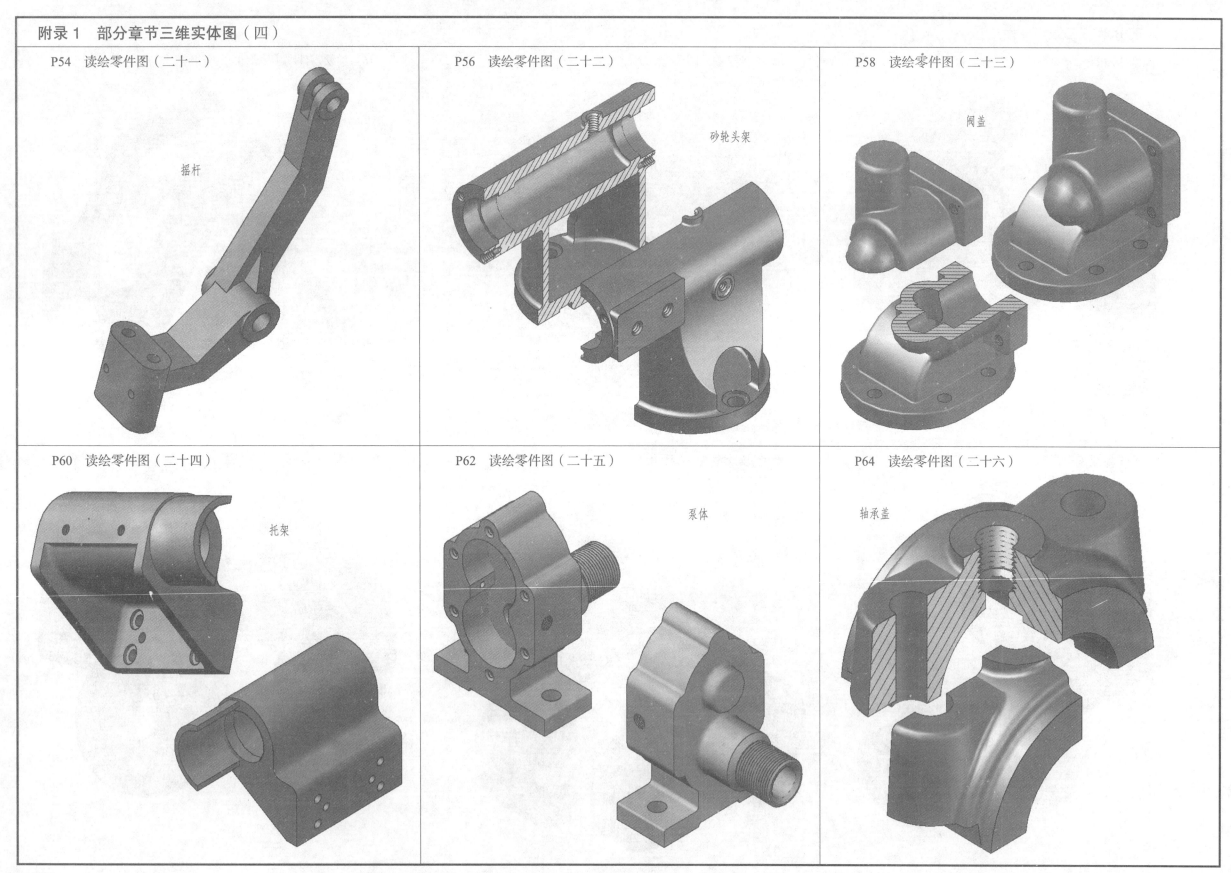

附录 1　部分章节三维实体图（四）

P54　读绘零件图（二十一）

摇杆

P56　读绘零件图（二十二）

砂轮头架

P58　读绘零件图（二十三）

阀盖

P60　读绘零件图（二十四）

托架

P62　读绘零件图（二十五）

泵体

P64　读绘零件图（二十六）

轴承盖

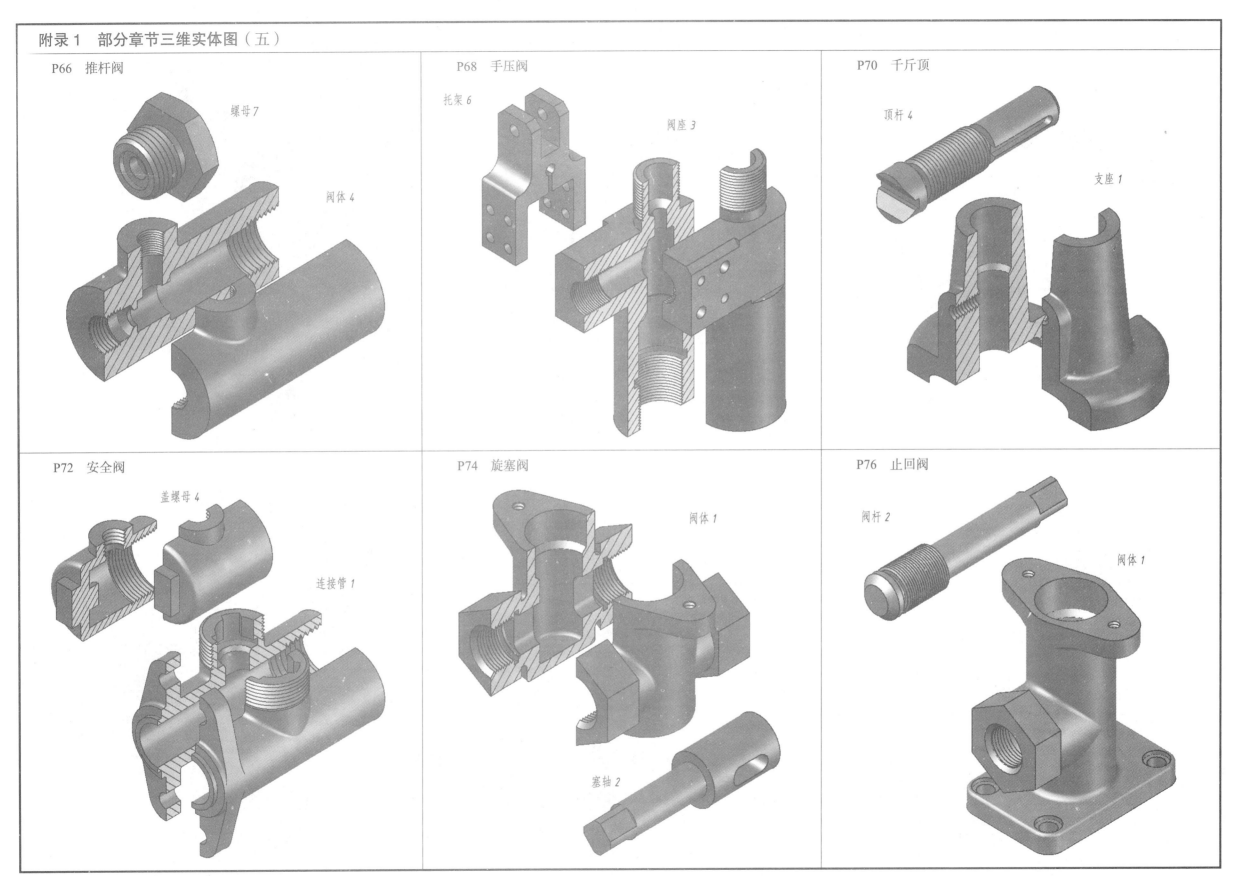

P66 推杆阀

螺母7

阀体4

P68 手压阀

托架6

阀座3

P70 千斤顶

顶杆4

支座1

P72 安全阀

盖螺母4

连接管1

P74 旋塞阀

阀体1

塞轴2

P76 止回阀

阀杆2

阀体1

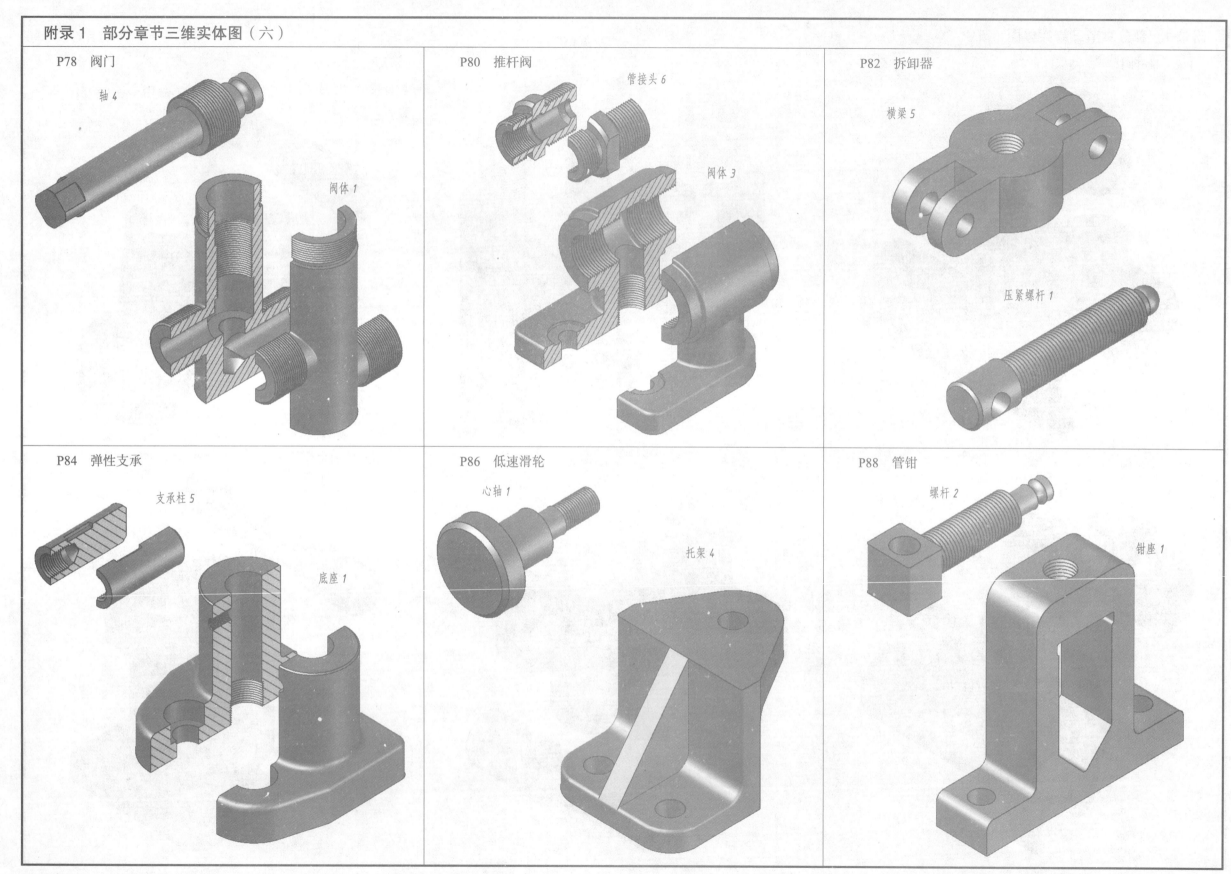

P78　阀门

轴 4

阀体 1

P80　推杆阀

管接头 6

阀体 3

P82　拆卸器

横梁 5

压紧螺杆 1

P84　弹性支承

支承柱 5

底座 1

P86　低速滑轮

心轴 1

托架 4

P88　管钳

螺杆 2

钳座 1

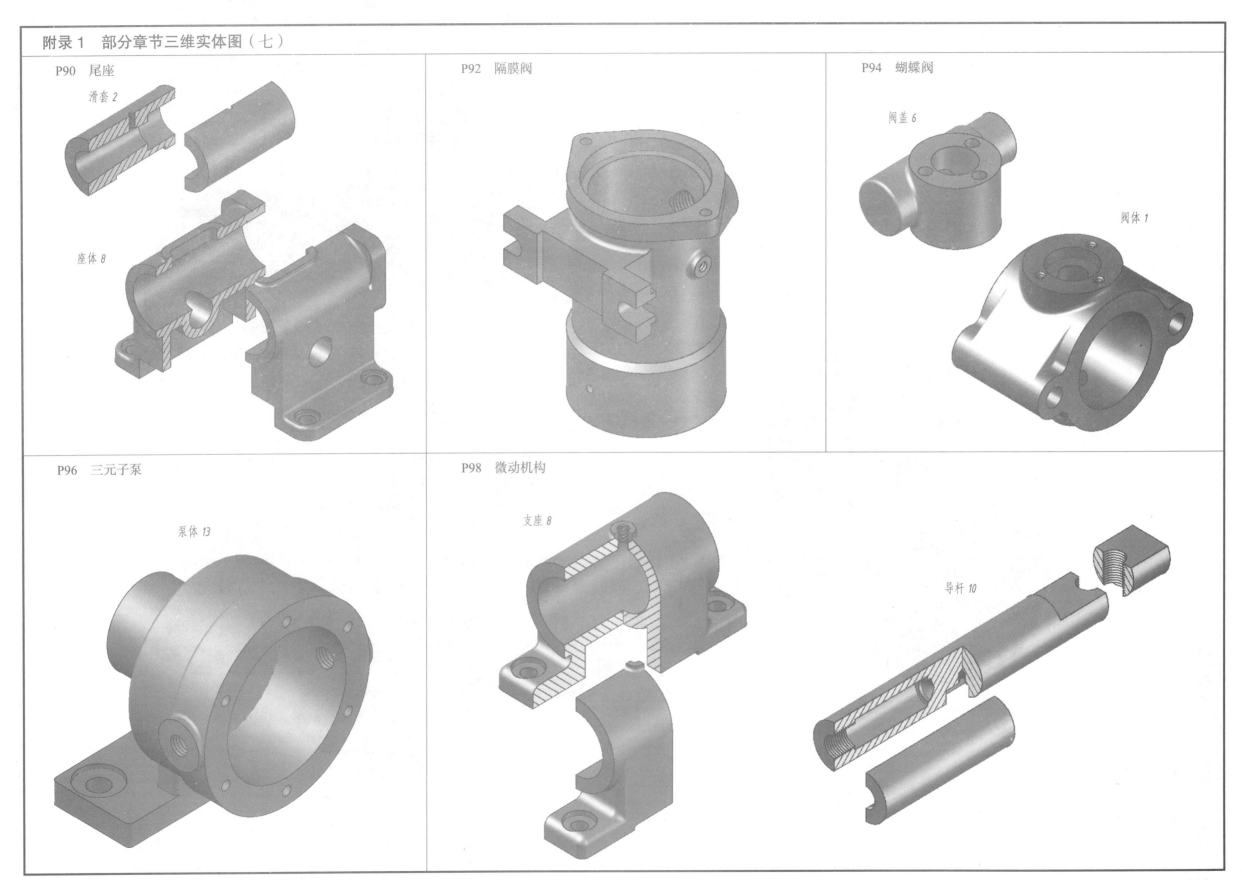

附录 1　部分章节三维实体图（七）

P90　尾座

滑套 2

座体 8

P92　隔膜阀

P94　蝴蝶阀

阀盖 6

阀体 1

P96　三元子泵

泵体 13

P98　微动机构

支座 8

导杆 10

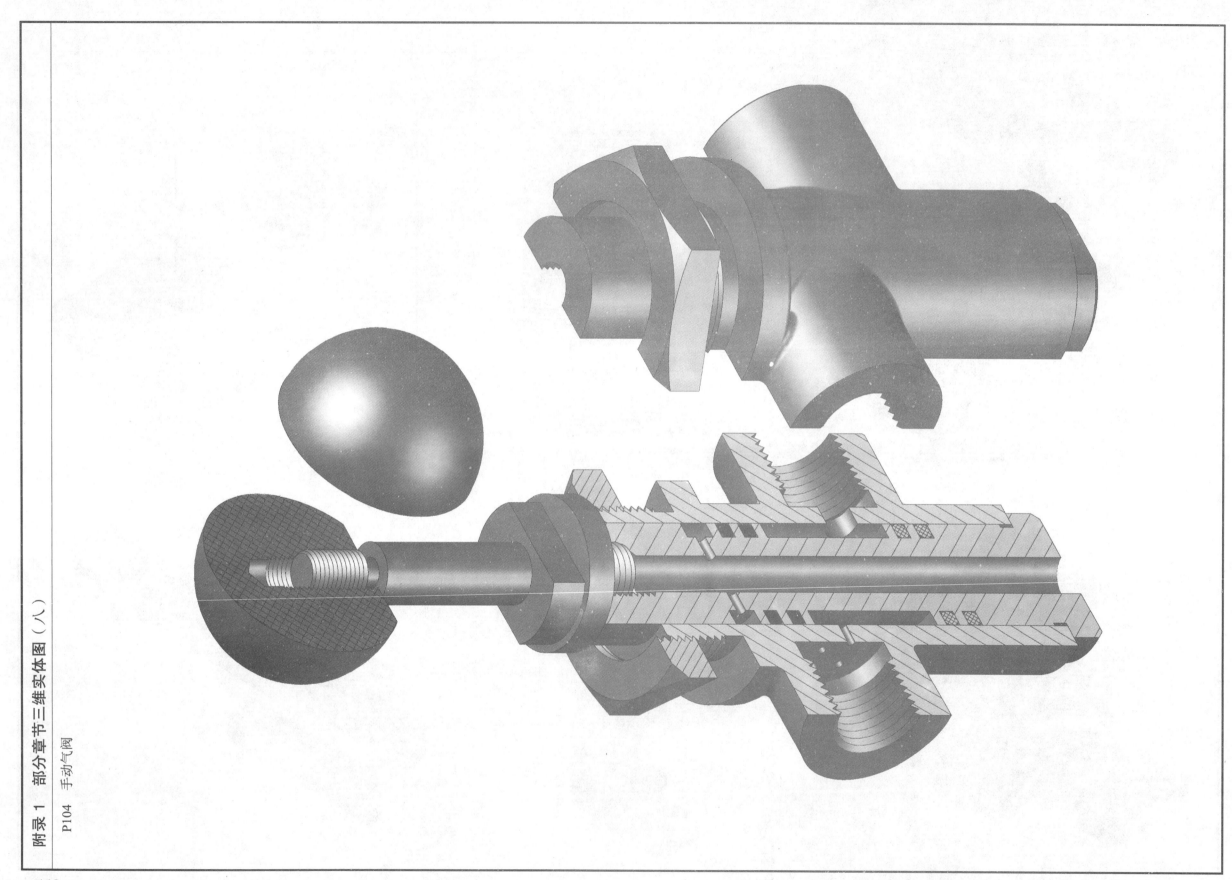

自测试题（A）

题号	一	二	三	四	五	六	七	总得分
得分								

一、填空题。（25 分）

1. 螺纹的公称直径指的是螺纹的（　　）。

2. （　　）、（　　）和（　　）符合国家标准规定的螺纹称为标准螺纹。

3. 轴承代号 6209，其中 6 为（　　　　）代号，2 为（　　　　）代号，09 为（　　　　）代号，其内径为（　　　　）。

4. 根据零件的形状和结构特征，可将零件分为（　　）类、（　　）类、（　　）类和（　　）类。

5. 在装配图中，两相邻零件的接触面或配合面用（　　　　）表示。

6. 绘制零件图应根据零件的（　　　　）位置或（　　　）位置，确定主视图的安放位置。

7. 零件图上的（　　　）尺寸必须直接标注，以保证设计要求。

8. 在装配图中，相邻的两个金属零件，剖面线的倾斜方向应（　　　　　　　　　　）。

9. 在装配图中，对于紧固件以及轴、连杆、球、键、销等实心零件，若按纵向剖切，且剖切平面通过其对称平面或轴线时，则这些零件均按（　　　）绘制。

10. 装配图的尺寸有（　　　）尺寸、（　　　）尺寸、（　　　）尺寸、（　　　　　）和其他重要尺寸。

11. 键的标记为：GB/T 1096　键 10×8×40。其中，10 表示键的（　　　　），8 表示键的（　　　　），40 为键的（　　　）。

二、找出螺纹画法的错误，在指定位置画出正确的图形。（8 分）

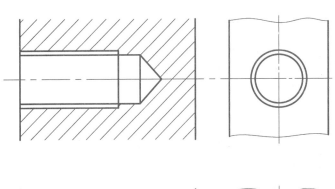
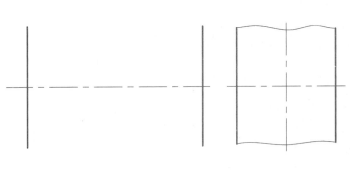

三、找出螺栓联接图中的错误，把正确的画在指定位置。（14 分）

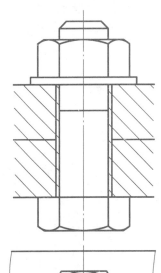
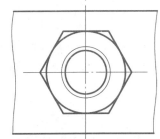
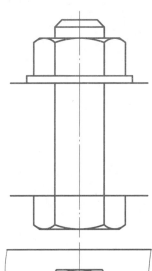
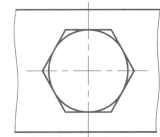

四、已知下图两零件中孔公差 H7，上极限偏差 +0.021，下极限偏差 0；轴公差 g6，上极限偏差 −0.007，下极限偏差 −0.020。分别注出零件图和配合图的尺寸，公称尺寸从图中量取。（10 分）

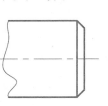
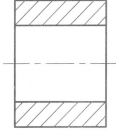
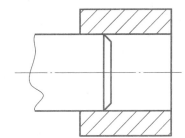

此配合为_____制_____配合。

五、对零件表面进行表面结构要求标注（表面均是加工面）。（10 分）

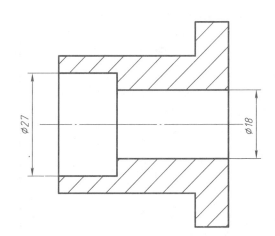

表面	Ra/μm
左端面	25
φ27	3.2
右端面	1.6
φ18	3.2
其余	50

六、已知齿轮模数 m=2mm，齿数 z_1=17, 中心距 a=43mm，试计算下列参数，完成齿轮啮合图(主视图采用全剖视图)。(16分)

七、读零件图，按图中断面位置作出断面图。(17分)

齿顶圆直径 d_{a1}=（　　　）

d_{a2}=（　　　）

分度圆直径 d_1=（　　　）

d_2=（　　　）

齿根圆直径 d_{f1}=（　　　）

d_{f2}=（　　　）

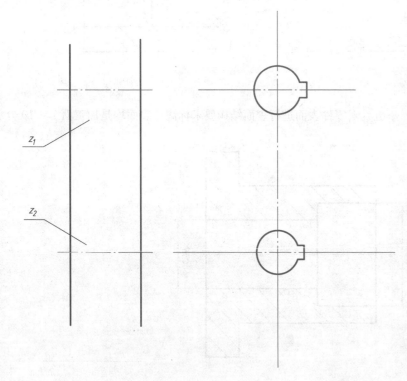

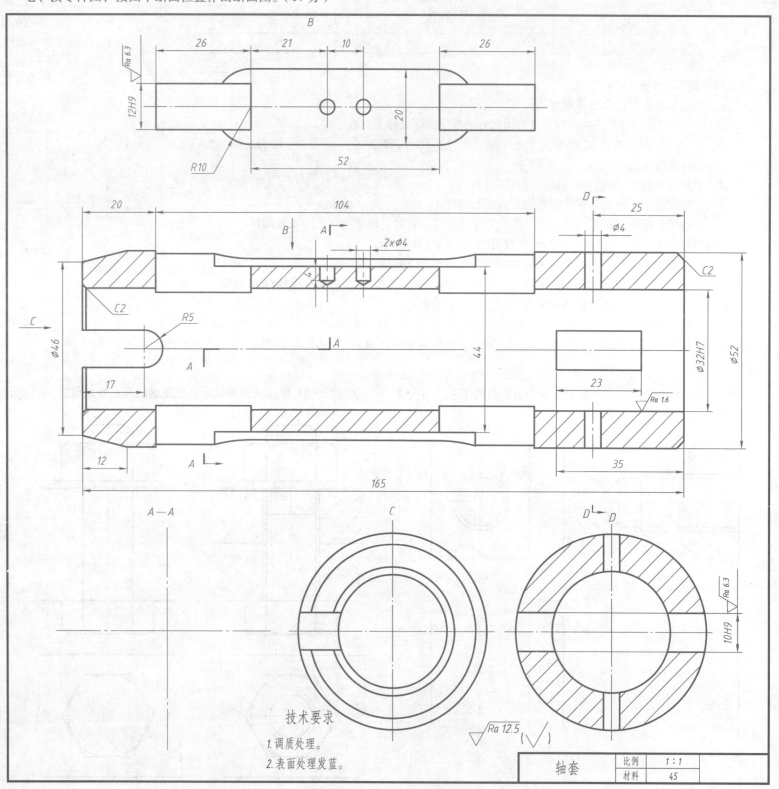

技术要求

1. 调质处理。

2. 表面处理发蓝。

轴套	比例	1:1
	材料	45

自测试题（A）答案

一、填空题。（25 分）

1. 螺纹的公称直径指的是螺纹的（大径）。
2. （牙型）、（直径）和（螺距）符合国家标准规定的螺纹称为标准螺纹。
3. 轴承代号 6209，其中 6 为（深沟球轴承）代号，2 为（宽度系列）代号，09 为（内径系列）代号，内径为（45mm）。
4. 根据零件的形状和结构特征，可将零件分为（轴套）类、（盘盖）类、（叉架）类和（箱体）类。
5. 在装配图中，两相邻零件的接触面或配合面用（一条轮廓线）表示。
6. 绘制零件图应根据零件的（工作）位置或（加工）位置，确定主视图的安放位置。
7. 零件图上的（功能）尺寸必须直接标注，以保证设计要求。
8. 在装配图中，相邻的两个金属零件，剖面线的倾斜方向应（相反或者方向一致而间隔不等）。
9. 在装配图中，对于紧固件以及轴、连杆、球、键、销等实心零件，若按纵向剖切，且剖切平面通过其对称平面或轴线时，则这些零件均按（不剖）绘制。
10. 装配图的尺寸有（规格性能）尺寸、（装配）尺寸、（安装）尺寸、（外形尺寸）和其他重要尺寸。
11. 键的标记为：GB/T1096　键 10×8×40。其中,10 表示键的（宽度）,8 表示键的（高度）,40 为键的（长度）。

二、找出螺纹画法的错误，在指定位置画出正确的图形。（8 分）

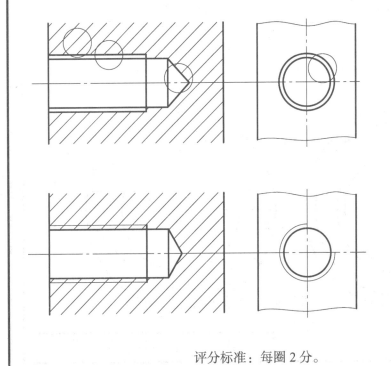

评分标准：每圈 2 分。

三、找出螺栓联接图中的错误，把正确的画在指定位置。（14 分）

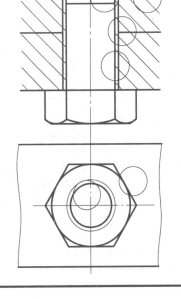
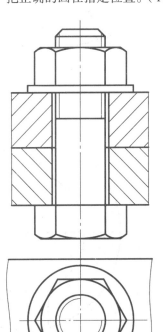

评分标准：每圈 2 分。

四、已知下图两零件中，孔公差为 H7，上极限偏差为 +0.021，下极限偏差为 0；轴公差为 g6，上极限偏差为 –0.007，下极限偏差为 –0.020。分别注出零件图和配合图的尺寸，公称尺寸从图中量取。（10 分）

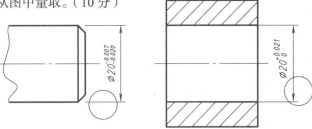

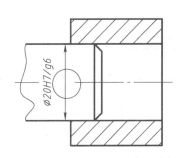

此配合为　基孔制间隙　配合。

评分标准：每圈 2 分。

五、对零件表面进行表面结构要求标注（表面均是加工面）。（10 分）

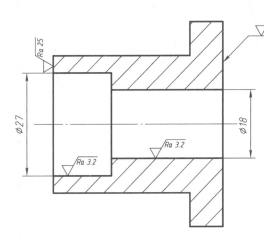

评分标准:每个标注 2 分。

表面	Ra/μm
左端面	25
φ27	3.2
右端面	1.6
φ18	3.2
其余	50

六、已知齿轮模数 m=2mm，齿数 z_1=17，中心距 a=43mm，试
　　计算下列参数,完成齿轮啮合图(主视图采用全剖视图)。(16分)

齿顶圆直径 d_{a1}=（ 38mm ）
$\qquad d_{a2}$=（ 56mm ）
分度圆直径 d_1=（ 34mm ）
$\qquad d_2$=（ 52mm ）
齿根圆直径 d_{f1}=（ 29mm ）
$\qquad d_{f2}$=（ 47mm ）

七、读零件图，按图中断面位置作出断面图。(17分)

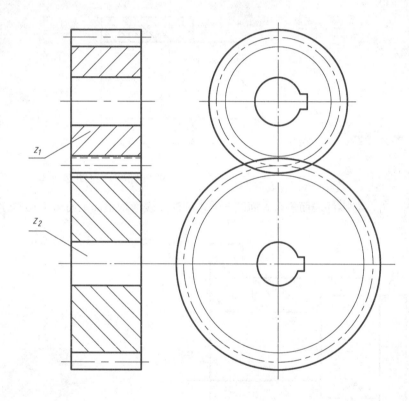

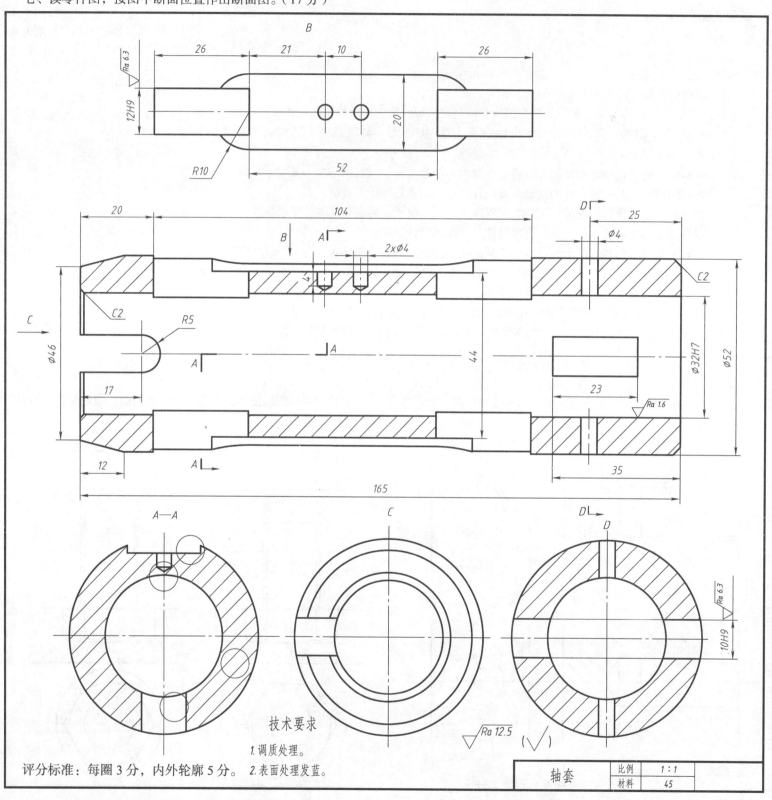

评分标准：每空 1 分，主视图 6 分，左视图 4 分。

技术要求

1. 调质处理。

2. 表面处理发蓝。

评分标准：每圈 3 分，内外轮廓 5 分。

轴套	比例	1:1
	材料	45

一、根据配合代号，在零件图上分别标出轴和孔的偏差代号，并填空。（8分）

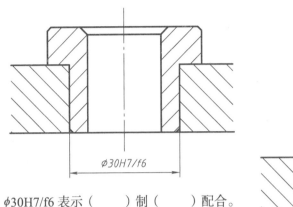
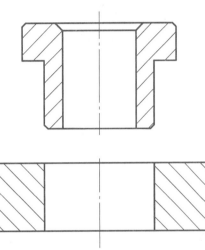

$\phi30H7/f6$ 表示（　　）制（　　）配合。

二、找出螺柱联接图中的错误，把正确的画在指定位置。（12分）

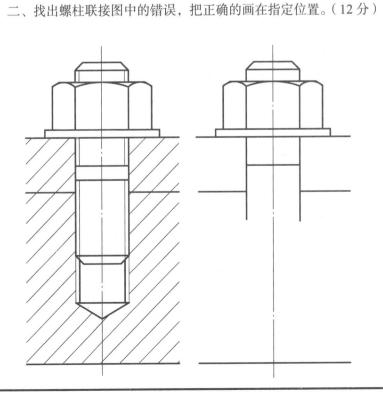

三、对零件表面进行表面结构要求标注（表面均是加工面）。（10分）

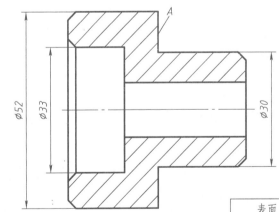

表面	Ra/μm
φ52	25
φ33	3.2
A端面	1.6
φ30	3.2
其余	50

四、普通 A 型平键的尺寸 b=8mm，h=7mm，L=20mm。键槽的尺寸 t_1=3.3mm，t_2=4mm。完成该键联接图，写出键的标记。（12分）

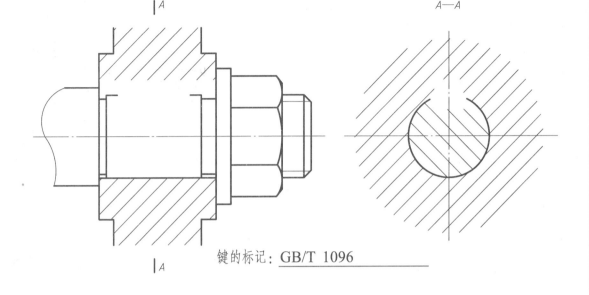

键的标记：GB/T 1096 _____

五、已知一对平板直齿圆柱齿轮啮合，$z_1=z_2=14$，m=3mm，试按规定画法画全两齿轮啮合的两个视图。（8分）

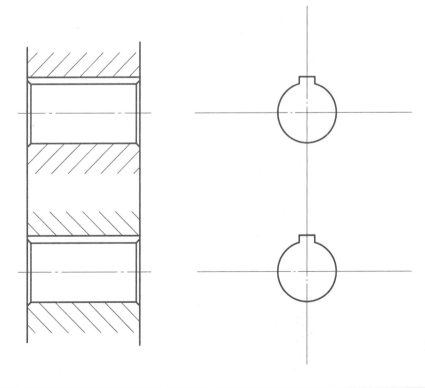

附录 2 自测试题及答案

六、填空题。(10 分)

1. 螺纹标记为：M16×1.5 LH，其中 M 为（　），代号与同一水平线上，16 为（　），1.5 为（　），LH 表示（　）。
2. 一张完整的零件图的内容应包含（　）、（　）、（　）和（　）。
3. 在相同规格的一批零件或部件中，任取一零件，不需修配就能装在机器上，并达到规定的性能要求，称为（　）。
4. 在装配结构中，在同一方向只宜有（　）接触面。

七、读懂旋塞阀的装配图，并回答下列问题。(40 分)

1. 旋塞阀由（　）种零件组成，其中标准件有（　）种。
2. 旋塞阀用（　）个视图表示，主视图是（　）剖视图，左视图是（　）剖视图。
3. 为表达件 4 锥形塞上的孔与阀体 1 上的孔的连接和质通关系，采用了（　）。
4. 装配图中的尺寸 102 是（　）、45 是（　），131 是（　）尺寸。
5. Φ35H9/f9 是零件（　）与件（　）的（　）配合。
6. 图中的 G1/2 表示（　）。
7. 件 4 上的相交细实线表示（　）。
8. 图中的 1：7 表示（　）。
9. 图中的件 4 采用了装配图的（　）画法。
10. 拆画阀体 1 的零件图。(不标注尺寸)

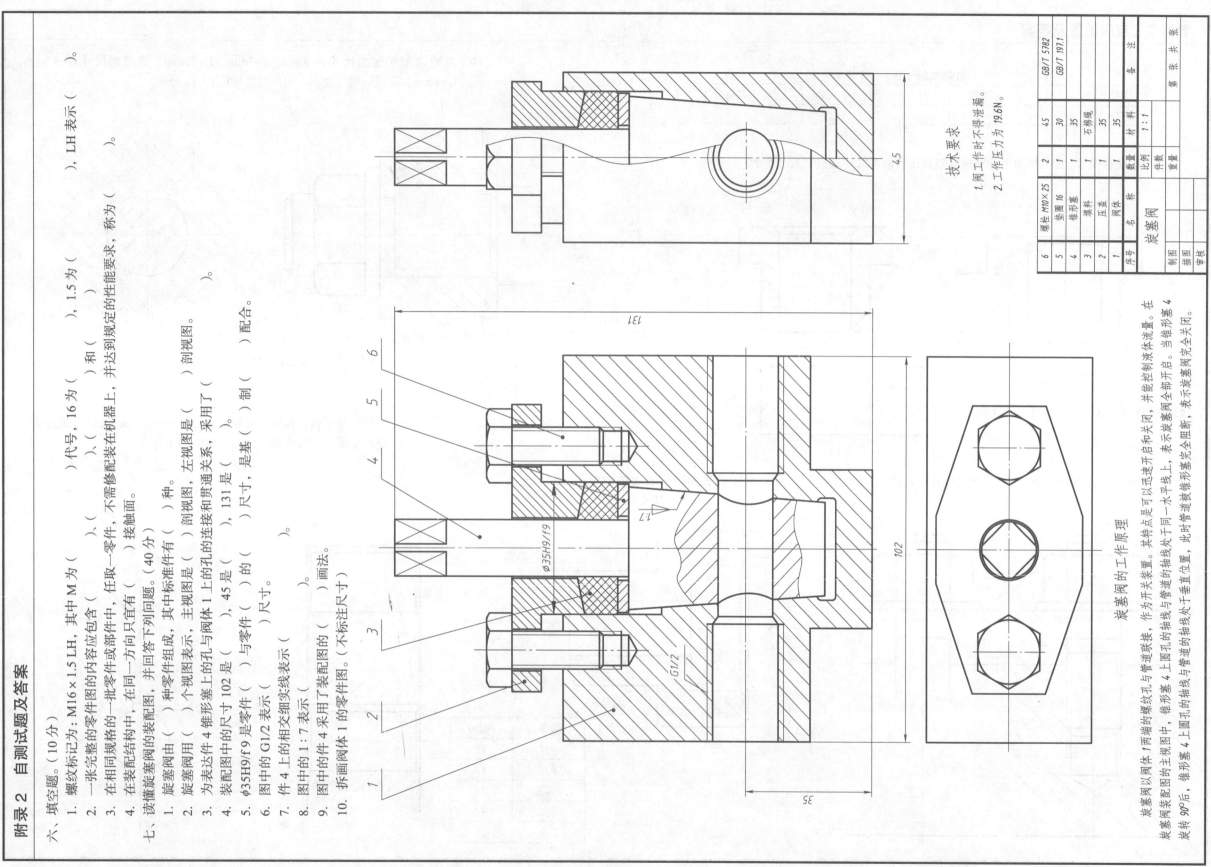

旋塞阀的工作原理

旋塞阀以阀体 1 两端的螺纹孔与管道联接，作为开关装置。其转点是可以迅速开启和关闭，并能控制液体流量。在旋塞阀装配的主视图中，锥形塞 4 上圆孔的轴线与管道的轴线处于同一水平线上，表示旋塞阀全部开启。当锥形塞 4 旋转 90°后，此圆孔的轴线与管道的轴线处于垂直位置，此时管道被锥形塞完全阻断，表示旋塞阀完全关闭。

技术要求
1. 阀工作时不得渗漏。
2. 工作压力为 19.6N。

6	螺栓 M10×25	2	45		GB/T 5782
5	垫圈 16	1	30		GB/T 197.1
4	锥形塞	1	35		
3	填料	1	石棉绳		
2	压盖	1	35		
1	阀体	1	35		
序号	名 称	数量	材 料		备 注
		比例 1:1			
		件数			
		重量			
制图					
描图		旋塞阀			
审核			第　张　共　张		

自测试题（B）答案

一、根据配合代号，在零件图上分别标出轴和孔的偏差代号，并填空。（8分）

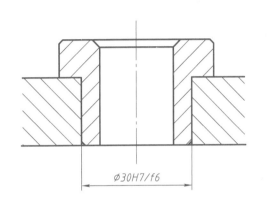

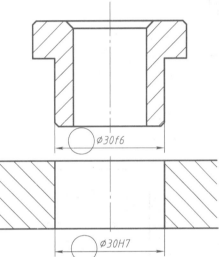

φ30H7/f6 表示（基孔）制（间隙）配合。

评分标准：每圈2分，每空2分。

二、找出螺柱联接图中的错误，把正确的画在指定位置。（12分）

评分标准：每圈2分。

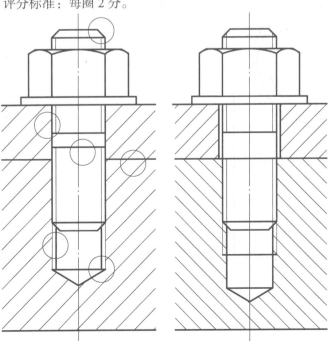

三、对零件表面进行表面结构要求标注（表面均是加工面）。（10分）

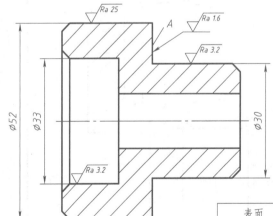

√Ra 50　（√）

评分标准：每个标注2分。

表面	Ra/μm
φ52	25
φ33	3.2
A端面	1.6
φ30	3.2
其余	50

四、普通A型平键的尺寸 $b=8mm$，$h=7mm$，$L=20mm$。键槽的尺寸 $t_1=3.3mm$，$t_2=4mm$。完成键联接图，写出键的标记。（12分）

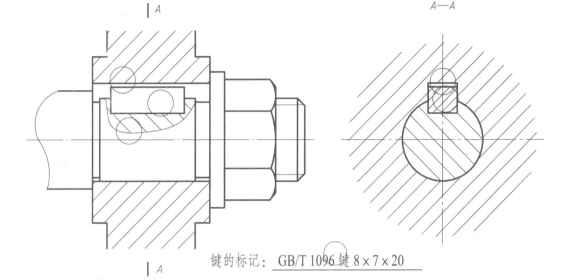

键的标记：GB/T 1096 键 8×7×20

评分标准：每圈2分。

五、已知一对平板直齿圆柱齿轮啮合，$z_1=z_2=14$，$m=3mm$，试按规定画法画全两齿轮啮合的两个视图。（8分）

评分标准：主视图5分，左视图3分。

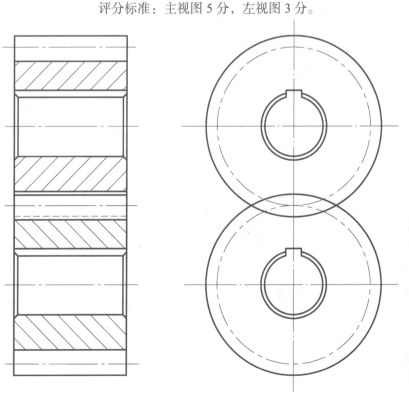

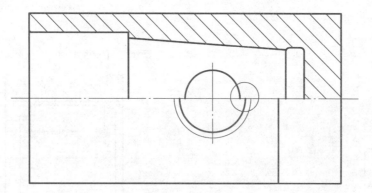

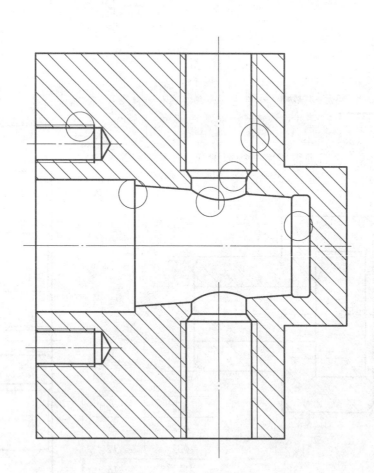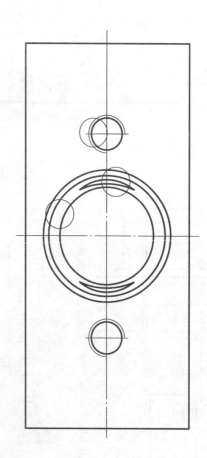

附录 2　自测试题及答案

六、填空题。（10分）
1. 螺纹标记为：M16×1.5 LH，其中，M 为（普通螺纹牙型）代号，16 为（公称直径），1.5 为（螺距，细牙），LH 表示（左旋）。
2. 一张完整的零件图的内容应包含（一组视图）、（完整的尺寸）、（技术要求）和（标题栏）。
3. 在相同规格的一批零件或部件中，任取一零件，不需修配即能装配在机器上，并达到规定的性能要求，称为（互换性）。
4. 在装配结构中，在同一方向只宜有（一对）接触面。

七、该读懂旋塞阀的装配图，并回答下列问题。（40分）
1. 旋塞阀由（6）种零件组成，其中标准件有（2）种。
2. 旋塞阀用（3）个视图表示。主视图是（全）剖视图，左视图是（局部）剖视图。
3. 为表达件 4 锥形塞上的孔与阀体 1 上的孔的连接和贯通关系，采用了（剖中剖表达方法）。
4. 装配图中的尺寸 102 是（总长），45 是（总宽），131 是（总高）。
5. φ35H9/f 9 是零件（1）与零件（2）的（配合）尺寸，是基（孔）制（间隙）配合。
6. 图中的 G1/2 表示（性能规格）尺寸。
7. 件 4 上的相交细实线表示（该结构为平面）。
8. 图中的 1：7 表示（该结构的锥度值）。
9. 图中的件 4 采用了装配图的（规定）画法。
10. 拆画阀体 1 的零件图。（不标注尺寸）

评分标准：每空 1 分，每圈 2 分，轮廓 2 分。

参 考 文 献

[1] 大连理工大学工程图学教研室. 画法几何习题集 [M]. 5 版. 北京：高等教育出版社，2011.
[2] 大连理工大学工程图学教研室. 机械制图习题集 [M]. 5 版. 北京：高等教育出版社，2007.
[3] 何铭新，钱可强，等. 机械制图 [M]. 6 版. 北京：高等教育出版社，2010.
[4] 王兰美，等. 画法几何及工程制图 [M]. 2 版. 北京：机械工业出版社，2008.
[5] 王农，等. 工程图学基础 [M]. 2 版. 北京：北京航空航天大学出版社，2010.

《工程制图训练与解答》（下册）

王 农 主编

信息反馈表

尊敬的老师：

您好！感谢您多年来对机械工业出版社的支持和厚爱！为了进一步提高我社教材的出版质量，更好地为我国高等教育发展服务，欢迎您对我社的教材多提宝贵意见和建议。另外，如果您在教学中选用了本书，欢迎您对本书提出修改建议和意见。

一、基本信息

姓名：_____ 性别：_____ 职称：_____ 职务：_____
邮编：_____ 地址：_____
工作单位：_____ 校/院_____ 系 任教课程：_____
学生层次、人数/年：_____ 电话：_____ - _____ （H）_____ （O）
电子邮件：_____ 手机：_____

二、您对本书的意见和建议
（欢迎您指出本书的疏误之处）

三、您对我们的其他意见和建议

请与我们联系：
100037 北京百万庄大街 22 号·机械工业出版社·高等教育分社　舒恬　收
Tel：　010—8837 9217（O）　　　Fax：010—68997455
E - mail：shutiancmp@ gmail. com